身心灵魔力
品/格/丛

处世

修炼一颗智慧心

蒿泽阳◎著

中国出版集团　现代出版社

图书在版编目（CIP）数据

处世：修炼一颗智慧心／蒿泽阳著．—北京：现代出版社，2014.2
（身心灵魔力书系）
ISBN 978－7－5143－1979－8

Ⅰ．①处… Ⅱ．①蒿… Ⅲ．①散文集－中国－当代
Ⅳ．①I267

中国版本图书馆 CIP 数据核字（2014）第 022270 号

作 者	蒿泽阳
责任编辑	王敬一
出版发行	现代出版社
通讯地址	北京市安定门外安华里 504 号
邮政编码	100011
电 话	010－64267325 64245264（传真）
网 址	www.1980xd.com
电子邮箱	xiandai@cnpitc.com.cn
印 刷	北京兴星伟业印刷有限公司
开 本	700mm×1000mm 1/16
印 张	13
版 次	2019 年 4 月第 2 版 2019 年 4 月第 1 次印刷
书 号	ISBN 978－7－5143－1979－8
定 价	39.80 元

P 前言
REFACE

　　为什么当今时代的青少年拥有幸福的生活却依然感到不幸福、不快乐？怎样才能彻底摆脱日复一日的身心疲惫？怎样才能活得更真实、更快乐？

　　许多人一踏上社会就希望一鸣惊人，名利双收地拥有一切。这样急功近利，不注重人生的积累，是难于起飞的；相反，能不辞辛苦地为自己拓展好助跑的跑道，从而争取优势不断发挥，才能逐渐使事业有所发展。那么给生命一个助跑的过程吧，这样，我们的人生就可以飞得更高。

　　一个人的成长、成熟、成功，其实是一个不断进行积累的循序渐进的过程，人的身上要拥有无穷大的潜力，主要靠平时的积累。助跑的过程其实就是让自己的潜力得到极致发挥的一种措施，就是为了让自己跑得更快、跳得更高、跳得更远。可以说，助跑的过程是一个漫长的过程，但没有这个过程是不可能最终获得成功的！我们每天都在积累，我们每天都在助跑，因为我们的心中有一个目标！

　　越是在喧嚣和困惑的环境中无所适从，我们越觉得快乐和宁静是何等的难能可贵！其实"心安处即自由乡"，善于调节内心是一种拯救自我的能力。当人们能够对自我有清醒认识，对他人能宽容友善，对生活无限热爱的时候，一个拥有强大的心灵力量的你将会更加自信而乐观地面对现实、面向未来。

本丛书将唤起青少年心底的觉察和智慧,给那些浮躁的心清凉解毒,进而帮助青少年创造身心健康的生活,来解除心理问题这一越来越成为影响青少年健康和正常学习、生活、社交的主要障碍。本丛书从心理问题的普遍性着手,分别描述了性格、情绪、压力、意志、人际交往、异常行为等方面容易出现的一些心理问题,并提出了具体实用的应对策略,以帮助青少年读者驱散心灵的阴霾,科学调适身心,实现心理自助。

C目 录
ONTENTS

第三章　在处世中,激励很重要

第四章　倾听,也是处世的学问

第五章　化解仇恨的处世哲学

第六章　勇者无敌的处世捷径

第七章　幽默是人际关系的催化剂

第八章　为心灵洗个澡

第九章 感谢生活的馈赠

第一章
学会处世，才能优雅生活

　　我们不要回顾往事，除非是要从过去的错误中提取有用的教训，并为了从经验获益。

　　　　　　　　　　——华盛顿

　　人生不是受环境的支配，而是随你自己习惯的思想而摆布。

　　　　　　　　　　——赫胥黎

　　成功的秘诀，是在养成迅速去做的习惯，要趁着潮水涨得最高的一刹那，不但没有阻力，而且能帮助你迅速地成功。

　　　　　　　　　　——劳伦斯

站在巨人的肩膀上

"成功有捷径吗?"如果你认为捷径就是一步登天、一夜暴富,那么,这样的捷径当然是不可能有的。其实真正的捷径就是少走弯路,少走弯路就是捷径。

向成功者学习,向优秀者学习就是成长的捷径。站在巨人的肩上,就是成功的最佳捷径!

鲁迅先生很早就提出"拿来主义"的观点,其本质就是要学习借鉴别人的成功经验。

在这一点上,看一下温州商人是如何做的。每年都会有"巴黎时装周""意大利时装周"之类的服装展;正当人们在电视上看到那些模特身上最新潮的时装后记忆犹新时,用不了多久,在市场上就会出现式样相似的时装,并随之销售到全国各地。

于是,钱就比同行对手们更快地赚到了自己的口袋。做出如此迅速反应的,便是温州商人。

据说他们往往委托国外的亲戚在服装节后,马上以高价购得新产品,乘飞机带回温州,连夜拆开,从里子到面料,从领口到袖口,从口袋到门襟,一一解剖,然后将式样图交给大师傅做出样板,交给裁剪部门。过不了几天,崭新的样式便可投放市场。

当年深圳提出口号:"时间就是金钱,效率就是生命。"温州人的表现和收获可以说是"时间就是金钱"最好的注解。

温州人非常善于仿造,他们是世界上最善于使用"拿来主义"的商人群体之一。

对温州人来说,小到纽扣、打火机,大到皮鞋、服装流水生产线,他们都能放出眼光,自己拿来!

又如,温州眼镜业就是从仿造而兴起的。

20 世纪 90 年代,温州眼镜企业发展到了一百多家,并以式样新颖、质优价廉吸引来了外商。据统计,1997 年温州眼镜业产值突破 10 亿元,1999 年上升为 15 亿元,占全球销量的三分之一,畅销世界二十多个国家和地区。

模仿对于每个人而言都不困难,事实上,我们一直都在做这件事情。孩子们是怎么样学会说话的? 体坛新手是怎么样跟前辈学习的? 一个有抱负的商人又是怎么成立他的公司的? 全是从模仿开始的。

模仿绝不是一件新事物,每一位伟大的发明家都是本着他人的发现找出新东西来。

最典型而著名的要算瓦特发明的蒸汽机了。只不过是,如果没有纽科曼制造的蒸汽机作为参考,瓦特的蒸汽机是不是能够发明出来都是一个问题。

因此,瓦特诚恳地说:"我不是一个发明家,我只是一个改良家。"

大科学家牛顿说过:"我之所以比前人看得更远,是因为我站在了巨人的肩膀上。"这不是大科学家谦虚,而是实事求是的大实话。

中国的电视圈向来有"模仿"的传统,国外的真人秀节目获得成功的同时,我们的电视几乎就没停止过"模仿"的脚步。中央台的《欢乐英雄》有明显模仿外国真人秀节目的痕迹,《非常 6 + 1》很有《美国偶像》之派头。事实上,早在 20 世纪五六十年代,美国的电视台就推出了一系列类似于《开心词典》《幸运 52》之类的节目。

而模仿最成功的娱乐节目则首推 2005 年的《超级女声》。这个明显脱胎于"美国偶像",把街头平凡人包装成超级偶像明星的娱乐节目,可谓一路火爆,余热猛涨。

其推出的"三甲"李宇春、周笔畅、张靓颖不仅是广告商、制片人眼中的新宠,更是全国千万"粉丝"的偶像。

从"超女"全国巡演的火爆程度来看,其影响力已力压众多成名多年的明星,而在 2006 第六届百事音乐排行榜中,她们更是独领风骚,占尽风光。

"超女"的火爆是必然的，因为这是国际上风行的电视节目中国化的一种表现。

　　同样都是地球人，既然在美国可以大获成功，那么，只要能够根据中国国情，因地制宜地模仿过来，就没有不火爆的可能，就没有不赚钱的道理。

　　你从别人的思想里得到启发，再运用自己的思想和能力，你的成就有可能比当初的创新者更大。站在巨人的肩膀上，你有可能比巨人看得更远。

最好的学习榜样是老板

一只兔子在山洞前写东西。一只狼走过来问："兔子,你在干吗?"兔子回答说:"我在写论文。"狼问:"什么题目?"兔子说:"论兔子如何打败狼。"狼听后哈哈大笑说:"兔子打败狼? 这是天底下最大的笑话啦!"兔子说:"你不信是吧? 好的。你跟我来!"于是狼跟着兔子走进了身后的山洞,接着,只听见一声惨叫……

过了一会儿,兔子独自走出了山洞。山洞里,一只狮子在狼的尸体旁一边用牙签剔着牙。一边看着兔子的论文:"一个动物的能力大小,不是看它的力量有多大,而是看它的幕后老板是谁!"

初入职场,选一个好公司固然重要,但最重要的还是看公司的老板是谁。有句老话说得好:读万卷书,不如行万里路;行万里路,不如阅人无数;阅人无数,不如与成功者同步。

选择一个好的老板,就是选择了一条成功的捷径。老板的魅力、气魄、做人的方式和做事的风格往往决定着公司的前途。对于员工来说,老板能看多远,也决定了你能走多远。

电影《赤壁》里有这样一个片段:赤壁大战之前,孙刘结成了联盟,周瑜到刘备的营盘考察,正赶上刘备在编草鞋。关羽在一旁解释道:"这么多年,我们哥儿几个穿的草鞋,一直是大哥给编的。"台词虽然有些夸张,但是我们不得不承认,刘备确实是一个好大哥,也是一个好老板,有人格魅力,有雄心壮志,有打天下的能力,更重要的是,对待下属比对待自己的媳妇、儿子都好。

关羽、张飞、赵云、诸葛亮都是很厉害的小弟,但是再厉害的小弟如果没有跟对大哥也白费。

电影《投名状》里的李连杰也算是个当老大的角色。他说："天大地大没有兄弟情大，这年头没有兄弟活不下去！""当匪，我们要当最大的！"这是当老板应有的气魄！

我之所以来到永业国际，就是因为永业国际的董事长吴子申是位值得学、值得交、值得跟的"老大"。

吴子申何许人？他是一位拥有多家公司的实践管理经验，用 15 年时间将永业国际从一个小公司发展成一个国际化的集团产业公司的"新蒙商"领军人物。

子申既是我的老板，同时也是我的老师和朋友，是我最好的学习榜样。我和子申的相识从 2001 年就开始了，那时我是名人电脑科技公司的总裁，子申是名人电脑在内蒙古的经销商。

后来他转战生物科技产业，角逐资本市场，成了一名成功的企业家和资本市场的风云人物。从 2008 年开始，他领导的永业国际在国际资本市场上成功进行了 3 次融资。2009 年 9 月 3 日，永业国际正式在纳斯达克上市。到目前为止，永业国际是中国农业项目中获得华尔街资本市场最大投入的企业之一。

"老大"不是随便当的。

首先，子申是一个有着事业雄心的人。他敢想别人不敢想的事情，而且不仅敢想，还敢做，更能做成功。

几年前，当他向我说起他的梦想——"要用永业致富模式让 1 亿中国农民先富起来"，"要让永业国际在美国纳斯达克上市"的时候，我觉得他很不现实。没想到在短短的几年内，永业悄然崛起，获得了美国华尔街的青睐。

其次，子申是一个拥有草原胸怀的人。他所创造的永业平台像个"聚义堂"，加盟的不仅有我，还有创造过商务通奇迹的孙陶然，以及许多曾带领商务通、名人、蒙牛等公司"打天下"的重量级人物，组成了精锐的永业营销团队，将永业的秘密武器——永业"生命素"迅速推向市场，在全国"攻城略地"，迅速奠定"老大"地位。

作为员工，要知道老板不是好当的，能当上老板的人通常都是职场上的成功者,并且有他成功的道理。一定要珍惜和成功者相处的机会,体会他们的金玉良言。成功人士是你的榜样,有时还是你的"贵人",能够在关键时刻提醒你。

曾主演过电影《飞越疯人院》,并多次获得奥斯卡金像奖的好莱坞影帝杰克·尼克尔森,刚到洛杉矶时是个无名小子,对人生根本没有规划。他在米高梅公司动画部找到了一份差事,干的是送信、制作等杂事,也就是"跑腿打杂"。

当时他的自我感觉还行。尽管想过当演员,但也只是想想,觉得那不过是异想天开。

由于他外形比较有特色,有人曾问他是否想当演员,而他总是回答"不"。后来他的老板——美国动画大师比尔·汉纳知道了此事,就把他叫到办公室说:"好吧,杰克,我问你个问题,你是不是想一辈子当个打杂的?"这句话对杰克来说,是他所得到的第一个高水平的从业建议。这话激励了他,让他明白了自己应该怎么做。

可见,成功者的一句话,有时候就是照亮你人生的一道光。

对员工而言,你的上司、老板就是你学习的对象。成功的职场人士具有3个特质:一是深谙行业规则,具备坚定的意志;二是具备高级人才的卓越习惯;三是有对职业生涯完整系统的构想和行动力。

如同爱默生所说:"值得他人尊敬的伟大人物最明显的特征就是坚定的意志。不论环境多么恶劣,他们都不会轻易放弃自己的理想,而且最终都能克服重重障碍,实现伟大的奋斗目标。"

成功的人往往都是在人格、品行、学问、道德等方面胜人一筹的人。与他们交往,我们能吸收到各种对自己有益的养分,可以对我们的发展起到巨大的指导和推动作用。

所以,要尽量利用公司的平台,向老板虚心地学习。向老板学习、与成功者同行,可以少走很多弯路。

向老板学习,就要不惜代价地为老板工作,寻找种种借口和他共处,注意他的一言一行、一举一动,观察他处理事情的方法,发现他与普通人的不同之处。要相信,如果我们能做得和老板一样好,甚至更好,就有机会获得晋升。

　　向老板学习,能提升我们的志向和理想。只有向老板学习,才能激发我们的潜能、唤起我们的责任、助燃我们的动力,才能擦去我们生命中那些粗浅的自信和虚妄的梦想,让我们在公司的熔炉中百炼成钢。

　　向老板学习,要处处维护老板的权威。

　　职场如江湖,出来闯荡,跟对老板很重要。老板对待员工的态度如何全由老板本人的素质决定。一个懂得分享的老板才是一个好老板。

要赢得老板的心

一个老板到警察局报案："有个流氓冒充我公司的 CEO，在某地赚了100 万元！这比我真正的 CEO 在客户身上赚到的钱还要多得多。你们一定要找到他！"

警察信誓旦旦地说："我们一定会抓住他，并把他关进监狱！"

"不！不能关起来，我要聘用他！"

对于大多数老板来说，找到一个称职的职业经理人确实很难。老板和员工或职业经理人的关系大概可分为情人型、父子型和君臣型，而员工或职业经理人自我设定的角色也有三种：情人型、儿子型和臣民型。

情人型的员工或职业经理人会和老板保持非常亲密的关系。如果 3个月没有和老板单独见面或吃饭，这种"情人"关系就会很快解体，老板也要琢磨下一位人选了。

儿子型的员工或职业经理人凡事都要请示"老子"，不敢私自做主。对于儿子型的职业经理人来说，要记住"总经理就是给董事长制造困难的，有困难要上，没有困难制造困难也要上"，不能一味顺从老板的意思。总是顺从老板的意思，会降低老板心中对你的评价。你是来公司做事的，只要是有关公司发展的事情你都有权发表自己的意见。

在现实生活中，有很多老板喜欢突发奇想，经常在员工会议上发表激情洋溢的演讲："OK，我们干吧！"初听起来确实让人振奋甚至冲动，但是开完会吃个饭，回家再洗个澡，躺在床上仔细想想，那些激动人心的演讲大多数是被人讽刺的对象。

很多老板在布置任务时都是模棱两可的，因为他自己都不清楚目标是什么，自己想要的结果是什么。老板"摸着石头过河"，很可能把具体执行的人"淹死在河里"。

臣民型的员工或职业经理人认为老板高高在上，见到老板像臣民见到皇帝一样，害怕与老板沟通。老板是什么？老板就是"角落里的人"。老板一般都很忙，与老板保持适度距离是对的，但如果与老板一点都不沟通，把老板"扔在角落里"的话，估计你离被"炒鱿鱼"就不远了。

在美国微软，盖茨也是名副其实的"皇帝"，经理级的人物一年也就能见到他一两次，而且还可能是背影。初到微软的唐骏为了"勾引"他的"皇帝老板"，充分施展了"媚术"。在一次新产品发布会上，作为主设计师，唐骏参与了接待盖茨的全过程，并主动给盖茨讲了自己的故事：如何在日本公派留学，如何因向往自由而转赴美国留学，如何以学生身份发明广为人知的卡拉OK记分器，如何放弃自己的公司进微软打工，如何喜爱微软以至于让妻子也到微软来工作，等等。唐骏为盖茨的演讲安排了一个细节：在舞台上画好了一排脚印，盖茨上台时只要沿着脚印就可以准确无误地走到台前离观众更近、显得更亲切的某个位置。这个颇具匠心的设计给盖茨留下了极深刻的印象。

唐骏说："在微软，大家都把比尔·盖茨当作'神'，极少有人敢跟他开玩笑，他也从不客套寒暄，如果第一次见面，他可能根本不会理你，因为他觉得跟陌生人什么都谈不深，不过我对他倒从无畏惧之心。后来我进入微软管理层，有了更多和盖茨深谈的机会。别人看我们的谈话气氛，会觉得我们很熟，甚至就像哥们儿，这在微软管理层中是不多见的。其实，我只是投其所好，尽量只谈他感兴趣的话题，比如中国消费者的心态、中国市场的特点，这时他就会非常认真。"

老板的威严固然要维护，但也要找机会与老板沟通，学会"勾引"老板很重要。

许多原本非常优秀的员工没有得到老板的赏识，主要原因是与老板过度疏远，没有找到合适的机会向老板表现和推销自己，没有把自己的能力和才华介绍给老板。

很多员工对老板有生疏及恐惧感，见了老板就噤若寒蝉，不是躲开就是装作没看见，这种消极的心态一定会阻碍自己的发展。

要想成功,要想得到老板的赏识,一定要主动争取每一个机会与老板接触和沟通。抓住每一个与老板接触的"黄金时间",将你大方、自信的形象展示出来,都有可能决定你的前途和未来。要知道,一个不在老板视线范围内的员工,是很难获得担当重任的机会的。

以我在很多公司担任领导职务的经验来说,敢于主动和我沟通的员工往往会给我留下自信、上进的好印象,时间长了,这些人就会在我心里留下比较深刻的印象,一旦有合适的机会出现,我就会愿意把机会留给他们。

在我看来,与老板沟通要注意以下细节:

第一,沟通要简洁。

一句话能说清楚的,绝不说两句。

第二,谦虚要适度。

过分谦卑会让老板反感。

第三,做个好听众。

急于发表意见会让老板感觉你妄自尊大,先听听老板怎么说。

做人要厚道,坚持在背后说别人的好话,切勿贬低别人抬高自己,不要在老板面前轻易谈论对别人的看法。

包办婚姻给父母带来的好处

柏拉图说："人到世上就是为了寻找另一半。"寻找另一半的过程，也就是寻找爱情的过程。真正的爱情是思想上的一致、感情上的和谐。因此，爱情在人们的心目中是美好的，它成为人们生活中渴望和追求的永恒主题。拥有一份美好爱情的男女，便携的手步入婚姻的殿堂；一半加另一半便成了一个家。

然而，婚姻真的有那么美好吗？婚姻真是爱情的结晶吗？人的一生总在寻寻觅觅，然而，有几个人能够寻找到自己心爱的人，有几个人是因为爱而走进婚姻的呢？在这个经济膨胀的年代，有的人结婚是为了户口；有的人结婚是为了钱；有的人是为了名；有的人是为了房子，等等。婚姻，如果不是爱情的归宿，那么就一定是无奈心情下的盲目选择。可以说有很多男女都是婚姻的牺牲品。

说起包办婚姻，不大清楚真相的人们总觉得那是旧社会的事，认为"父母之命，媒妁之言"的那一套玩意儿，门当户对的观念，早随着时代的变迁而被抛进历史的垃圾堆了。殊不知，它至今还在许多地方存在着，甚至有愈演愈烈之势。

然而，也正因为这种原因，不知拆散、伤害了多少男男女女。想想在古代，有多少对离散鸳鸯因此而付出了生命的代价。梁山伯和祝英台算是美丽的，还能化作蝴蝶翩翩飞，而更多为人们所不知的苦命情侣，都是在父母包办婚姻的阴影下痛苦一生。

亲情，是人最重要、最重视的感情，是任何人永远也抹不去、抛不掉的情意。也正是如此，现在的年轻人为了不让自己的父母伤心，只有遵从他们的安排，与一个不相识的人开始交往，最终走进婚姻的殿堂。而父母们则从中得到了一些好处。

洪军的老家在赣南一个比较偏僻的乡村,家里有兄弟二人,还有一个姐姐,一个妹妹。姐姐和妹妹都出嫁了,因为家里穷,所以到现在他还没有结婚。

哥哥比他大两岁,当年买了一辆旧中巴在家乡跑运输,洪军也跟着哥哥跑。哥嫂是4年前结婚的,生了两个小孩,嫂子小珍其实比他还小两岁,是邻村的姑娘。

原本一家人过得好好的,洪军跟哥哥的感情也非常好,哥哥还曾因为他跟别人打架挨过两刀。洪军对他的嫂子也非常尊敬,虽然从来都是直呼其名,但却不敢随便开玩笑。

2005年春运的时候,家里发生了一件不幸的事,哥哥出车过程中发生了车祸,一辆大货车把旧中巴撞扁了,哥哥去世。后经交警部门裁定,货车司机负全部的责任,赔了二十多万元。

有一天,父母对他说:"你是自家人,咱们不说外话,现在你嫂子拿着那一大笔钱,如果将来她嫁人了,那笔钱不是要带走吗,那你的哥哥不就白死了吗?"洪军觉得这话也很有道理,可是他们又不能把钱抢过来。父母又说:"你也知道我们家里的底细,一分钱也没有,你这么大年纪了也没有娶上老婆,你看,如果你把你嫂子娶过来,家里不用花一分钱,那笔钱还是我们家里的,这是多好的一件事呀。"

洪军对于自己的婚事,也曾有过许多幻想,但绝对没有想过他未来的新娘会是他嫂子,这怎么可能呢? 他不同意,但是他没办法,他不知道怎么办……

婚姻是美好的,它可以让人得到家庭,钱更是个好东西,可以享受美好的生活,但这两样好东西往往是人们利用和追求的对象。洪军的父母为了钱强迫他娶嫂子,将他的婚姻当成了一种得到钱的工具。

男大当婚,女大当嫁。千百年来的媒妁之言、父母之命成就了多少的婚姻大事,把多少对不认识的男男女女拴在了一起。"婚姻像城堡,城外的人想走进去,城里的人想冲出来。"在现实生活中,不少农村青年的婚姻正在走入"媒妁之言,父母之命"的传统婚姻形式。

只有 16 岁的少女彩珍没有同龄人的幸运和幸福，属于少女的快乐和幸福过早地离开了她。2003 年 3 月，在媒人的介绍下，她的父母收了别家人 1.6 万元的"彩礼"后，彩珍就当起了人家的媳妇。这种不合法的畸形婚姻很快使彩珍感到痛苦，当年 9 月份，彩珍跑回娘家，表示自己就是死也不到婆家去了。

彩珍原以为这样就可以结束维持了 7 个多月的婚姻生活，但她却没想到更大的灾难正在等着她。

回到娘家后，很快又被随后赶到的婆家人强行带走。对这种严重违法的现象，接到报案的公安局竟做出不予立案的决定，同时当地人民法院也做出不予受理的裁定。无助的少女也许只能用她漫长的一生来面对这种痛苦的婚姻生活。

由于受中国传统的影响，中国的婚姻大都不是由结婚双方来决定，而是由父母亲来决定的。

时至今日，人们一直忽视农村青年的婚姻问题，在开放和发达地区这个问题也许不那么突出，但是在偏僻闭塞、贫穷落后的西部，婚姻一直是套在农村青年脖子上的一道沉重的枷锁。

据了解，一般情况下，在农村娶个媳妇最少得花 2 万元，如果再加上其他的费用支出，就超过 3 万元，而且随着农村生活条件的改善，"婚价"也呈现出上涨趋势。

宋、郭二人是同村近邻，两小无猜，青梅竹马，一起长大，既是同乡，又是中小学同学。

随着年龄的增长，两个人逐渐相爱了。但郭某的父母嫌宋家贫穷，不答应此门婚事，并威胁说："宋某，你要娶我女儿也可以，立即送 10000 元彩礼，人归你。否则，你一辈子都别想进我家的门。"宋某家很穷，别说 10000 元，就是 1000 元，也拿不出来。

宋某与郭某两个人痛苦万分，想不出什么办法。正在他们痛苦的时候，郭某邻村的赵某竟然拿了 20000 元彩礼去她家提亲，她父亲很高兴就答应了。

俗话说：忠孝不能两全。郭某为了不惹父母生气，也只有含着眼泪与宋某分手,嫁给了赵某。可想而知,两个没有爱的人生活在一起,是什么滋味!

新中国成立以来,我国几部婚姻法都把反对父母干涉子女婚姻作为重要内容列入其中,但实际上,子女的婚姻成了父母利用的工具,这种旧社会遗留下来的恶习,在我国一些地区一直没有灭迹。

虽然现在已是自由恋爱居多了,但这种所谓的"包办婚姻"仍然存在。他们或出于上辈的友谊而想亲上加亲或出于事业的利益而想钱上加钱……总之,他们会想方设法说服自己的儿女去和儿女不喜欢的人结合。试想,没有感情的婚姻岂能幸福?又岂能一帆风顺?

当亲情在利益面前

在这个物欲横行的社会,随处可见利益与情感的较量,究竟谁会占据上风,谁也不敢给它一个准确的定位,然而一些事情却时常在人们的身边发生,似乎在提醒人们,也似乎在证明在这场较量中,利益永远是最后的胜利者。

人世间最会伪装的往往数亲情,涉及切身利益的亲情往往比敌方阵营更为可怕,吃亏最厉害的往往是亲情的残酷。

在市场经济中,亲情和市场法则并不是一对矛盾体,但是在面临利益的选择时,亲情就会贬值了。

在生活中,常会有一架天平,一端是金钱,一端是亲情、友情和爱情,有多少人能让这天平的两端始终保持平衡?

据上海市闸北区人民法院统计,在他们20受理的5700余件民事案件中,与婚姻家庭有关的案件占40%~45%,而在婚姻家庭案件中,90%~95%都是和财产有关的,有的是因为理财问题而导致的夫妻离异、兄弟反目、父母与子女不和,有的则是在处理离婚、抚养、赡养等问题时因为理财、财产问题而产生的家庭纠纷。

现代社会,利益成了第一要素,成为连接关系的纽带。在利益面前,亲情往往会变得那么脆弱。

有这样两个真实的故事:

湖南省宜章县栗源镇旗下村王吉祥和王普仁两兄弟,只因为王普仁家的黄牛吃了王吉祥地里的玉米苗,就大打出手,把王普仁打成重伤并导致王普仁服毒自杀。为了一点点的小利益,而造成这么严重的后果,实在是不应该啊!

孔子曾经说过："仁者人也,亲亲为大。"意思也就是说世人要相亲相爱,互相扶助。宽容、谦让、以和为美一直以来就是中华民族的传统美德之一,然而,现在只为了几棵玉米苗,就可以对自己兄弟大打出手,酿成人间惨剧,真叫人不可理解!

2003 年 12 月,重庆市开县高桥镇的天然气井突发井喷,附近村民的生命财产遭受了巨大的损失,但随后而来的 5000 万巨额赔偿,却叫当地人在利益面前显现出了亲情的苍白和人性中的丑恶。孤老汉面前演出了众女争嫁的场面;孤儿成了亲属们争先抚养的对象;失去亲人的寡妇险被族人剥夺享受赔偿权……在耳闻目睹这些事件发生的同时,就可以深深地感受到现代经济社会里道德的危机和亲情的变异。

当然,在现实生活中,每天也在发生许许多多的美好事物,比如为素不相识的遇难者捐钱捐物,甚至捐献骨髓或者肾脏器官,这些都是人世间真善美的具体体现。由此可见,每个人都有善的一面,"虎毒不食子",说的也是这个道理。但是,为什么当事情降临到自己头上,而且和自己利益相关的时候,就会不讲人情,不顾亲情,寸利必争,锱铢必较,甚至大打出手,酿成血案呢?

这都是因为钱闹的! 事实上,钱本身并没有错,人们争取和维护自己的利益也没有错,关键是人们要采取正当的合法手段。而在用合法的手段去谋取或维护自己利益的时候,更不可丧失了谦让和宽厚的美德。但是,令人遗憾的是在当代经济社会里,人们已经变得越来越物化,也正是这种物化,使人们的价值观念失去了平衡的准则,而这更使人们柔软的心肠渐渐地变得坚硬和窄小,有的已经容不下一粒芝麻、一棵青苗,甚至一句笑话!

世界超级富豪比尔·盖茨曾说过这样一句话,他的亿万财富只是一个数字。正是如此,比尔·盖茨才能永葆进取和创造之心,为世界和人类创造财富。

有一个孤独的百万富翁看到邻居一个贫困家庭和睦相处,其乐融融,就想用自己的财富和穷人交换。结果,穷人富起来了,但是,一家人却因财富而反目成仇。

在生活中，人们常常用"血浓于水"来形容亲情，其中的涵义不言而喻。然而，利益的威力是相当大的，在利益面前，亲人之间也会选择法律的手段来解决他们的问题。

在这个世界上，或许谁也不愿意与自己的亲人对簿公堂，但这就是无奈的选择。现实就是这么无情，当亲情与利益相冲突的时候，亲情往往被无情地撕裂。

家庭本是亲情的天堂，但是，当亲情与利益相冲突时，亲情总会在利益面前贬值。

2004 年，在某市发生的一起车祸引人深省。一个老者不幸被车撞死后，警方迅速将老者的一对子女唤到现场。

谁知，老者的子女在现场待了一会儿后，觉得没什么事可做，就头也不回地离开了。

从他们脸上看不出一点悲伤或对亲人的留恋之情。

后来，老者的子女去领取事故赔偿款的时候，第一件事竟然是当着众人点钞票，点着点着就开心地笑了起来。

亲人的生命竟不如金钱重要。"人死不能复生"，难道是他们思想超脱、看得开吗？当然不是，这只不过是冷血，冷得直叫人心寒。

虽说如此极端的例子不多，但是，不少人日益看重金钱、漠视亲情，却是事实。

为翻建祖宅，儿子遭遇车祸不幸去世，"白发人送黑发人"本已让古稀之年的华氏老人伤心欲绝，可楼房建成之后，儿媳竟霸占房产要求老人把建房费用结算清楚才能入住。

江苏省赣榆区人民法院执行庭迅速将这起特殊的房屋使用权纠纷案作了判决，被执行人李笑梅长期占据的房屋被强制返还，至此，公婆与儿媳间长达六年的房产之争终于得到圆满的解决。

本应和睦相处的一家人，为了房屋的居住使用权，频繁发生争执，甚至纠集亲友大打出手，并多次提起诉讼，最终不仅伤害了对方的感情，又浪费了大量的时间、精力和钱财。何苦呢？

在市场经济大潮的冲击下，在社会转轨思想异动的变化中，人与人之间的亲情,在利益的面前,真的是那么不堪一击。儿子不在了,老人更应疼爱儿媳和孙子孙女们;没有了丈夫,儿媳更要尊重孝顺老人。可老人的固执让儿媳伤了心,儿媳的行为则让老人寒了心,更在孩子的心里留下重重阴影。不仅如此,骗取亲人钱财的人,也有不少。

眼下,人们经常可以在电视、报纸等媒体上看到,许多亲人之间因为财产分配的问题大打出手,有的甚至老死不相往来。

在这些家庭纠纷中,父母、子女、兄弟姐妹之间的亲情荡然无存,各自的眼中只有各自的利益,这不能不说是当今社会家庭关系的一种悲哀。

为了利益而不要父母的人也是大有人在的。

有一个从很偏远农村出来的男子,很努力地念书,终于考上了大学。为了他的学费和生活费,田地里的父母日出而作,日暮而归,老父亲的白内障因为没有钱治疗,几乎看不清楚东西。

当然,他也非常用功地学习,本科毕业之后考上了研究生,最后又考上了博士。真可谓是前景一片光明。

优秀的男人当然会有女生抢着要,高校副校长的千金就爱上了他,娇媚的她让他觉得生活很满足。但是,当她知道他的家在很穷的农村时,就开始不依不饶了,大骂他的血管里是"红苕血"。副校长利用关系帮他找了一份很好的工作,年薪 30 万以上,并且,把女儿也嫁给了他。妻子跟他约法三章:不能说他来自农村,只说自己的父母是高校的老师;不准跟家里再有任何的联系;不准家乡老乡来他们城里的家。看着眼前如花似锦的一切,最终,他答应了。

在他们结婚的那一天,来来往往的全是女方的亲朋好友。他也有想哭的冲动,但是,他没办法,他舍不得眼前的一切。从此以后,他也只敢偷偷地寄钱回家,但每次都不会超过 200 元。他怕家里的人以为他在城里好了,来城里投靠他。

两年以后,他才告诉他的父母,他在城里已经结婚了。高兴的失眠的母亲在昏暗的灯下一针一针地缝着小孙子的小衣服小裤子。收到农村寄来的包裹,大约有 20 来斤。

他很难想象瘦小的母亲是怎样把它们拿到几十里外的县城的。妻子用两根指头捏着小衣服，直嚷嚷叫他扔出去，说有跳蚤。他想打她，忍了很久，然而，最后那包衣服的归宿还是垃圾箱。

儿子满周岁的那天，家里来了很多的人。200 平方米的家人声鼎沸。他忙里忙外地招呼着，突然有一刻他想到了父亲。小区的保安在对讲机里说有人找他。

他以为是客人，兴冲冲地迎了出去。他在离开农村的家很多年以后，现在才看见了他的父母。外面下着很大的雨，两位老人的头发上在不停地滴着水，他愣住了，待在门口不知所措。妻子见他半天还没有进来，就出来看他。

他引两位老人进门，粘着泥的解放鞋一踩就吱吱作响，父亲的双脚在光洁的木地板上不知道该怎么走路，他只有把他们带到厨房。然后，给一脸不解的宾客说是找错了人的老人。妻子叫他赶快把人带走，没办法，他没办法对满屋的老总、老教授，总之是一些有头有脸的人解释说那是他的父母亲。

然后，他领着父亲到大医院去看眼睛，大医院的医生说，父亲的眼睛完全失明了，是耽误的时间太久了，如果早几年的话，一定不会失明的。看着那两只完全混浊的眼睛，他觉得他不是人。他没有把双亲接到家里住，双亲在宾馆里住了两周，双亲终于明白了，他们的儿子是不可能把他们迎进他们认为该进的家门的。

至于他的妻子，从那天匆匆一面之后，就再也没有露过脸。他总说要带他们去看看大城市，母亲看着父亲的双眸，说"我们住不惯这里，我们回家。"

两个月之后，他以一次出差的名义回了老家。邻里乡亲都来看这个穷山沟里飞出的大人物。从乡亲们的言谈里，他得知，那次父母进城是把猪卖了，把田地送给了别人种，完完全全的是想去他那里安度晚年的。父母回到农村还对他说，儿子对他们很好，不要他们走，但是他们在那里住不习惯，想老家的人，所以，就回来了。

回来时，还给大伙带了很多的"杂包"。老父亲摸摸索索地在家做饭，手上时常带有未愈的伤口，七十多岁的母亲还在田地为口粮而苦苦挣扎，做一会就直起身来捶捶自己的腰。

儿子临走的时候，他给父亲留了2万块钱，说是2000块，10元一张的，要父亲细细放好，以后有困难的时候就拿出来应急。他也知道，他不配做他们的儿子。

人就是这样，在利益和亲情二者之间，虽然选择时，显得分外艰难，但是，人们最终选择的往往是亲情。

亲戚之间靠什么来维护

人们都有这样一种社会关系——亲戚。亲戚，有与生俱来的血脉牵连，也就有隐隐的或深或浅的责任与义务。

当人们遇到困难时，大概首先想到的就是找亲戚帮助。俗话说，不是一家人，不进一家门。作为亲戚，对方也大都会很热情地向你伸出救援之手。

从这个角度看，亲戚之情是那么的美好。但是，随着社会的发展，现今的亲戚之情的本质也发生了很大的变化。

人没钱时，再亲的亲戚都会疏远你，有钱时，一些你不认识的亲戚朋友都能找上门来。

王芳的家在农村，以前也比较穷，亲戚之间也只有逢年过节才会来往一下，根本就谈不上有困难能互相帮助。

在王芳十来岁的时候，跟父母到姑姑家做客，姑姑的儿子在他家旁边开了一间杂货店。

王芳总是跑到那去，姑姑的儿子就跟着她，王芳对电话很好奇，想给同学打过去新鲜一下，但他儿子却说她不能用他的电话。王芳还在他店里看中一支笔，他竟然收她一块五，过后，她到别处看到同样的一支笔，才卖一块钱。

后来，王芳在深圳工作，一切还算不错，同时也大大改善了农村父母的生活，爸妈也许是穷怕了，现在终于可以翻身了，于是，就比较爱在亲戚或家乡人面前吹嘘一番，甚至带夸张色彩。

这下好了，认识和不认识的人都向她家里人要她的联系电话，他们不好拒绝,于是就把这难题推给了她,亲戚纷纷打来电话,要工作,要来住,要给介绍对象,等等。甚至这些所谓的亲戚有的她见都没见过,当然还有那位姑姑的儿子,也让她介绍工作。现在,她家里的亲戚到底有多少,连她自己也不知道。

真是穷在闹市无人问,富在深山有远亲啊! 不是有那么句话吗,"亲兄弟明算账",现在什么都要向"钱"看了。在这个金钱的社会中,就是这样残酷,虽说钱不是万能的,但没钱却是万万不能的! 为了面包而劳燕分飞的家庭、朋友、亲戚太多了。

如同小说《我的叔叔于勒》中的菲利普夫妇,金钱是他们衡量亲情的唯一凭证。

因此,人们抛弃了自己最初的感情,抛弃了自己珍贵的尊严,抛弃了自己仅有的良心,成了金钱的奴隶。

即使是与自己有着血缘关系的人,只要他们与富裕脱轨,就会成为令人厌恶的"陌生人",纵然他们正在颠沛流离,经受磨难,都可以冷漠相对,视而不见。曾经血浓于水的亲情,在金钱的诱惑下,同样也可以说是荡然无存的。

人与人之间,之所以会产生欺骗,恐怕就是那种赤裸裸的金钱利益在作祟。

欺上瞒下,尔虞我诈,这种实例每天都在发生。人们宁愿出卖自己的灵魂,沦落于肮脏的金钱关系之中,也不愿用自己一点点的良心去对待亲情。

其实,这并不是市场经济的今天才有的,在中国,几千年前就有这种观点与事例了。

苏秦最初游说失败的时候,回到家受到了全家人的白眼看待:嫂子不给他饭吃,父母不跟他说话,妻子也不从织机上下来迎接。

苏秦还听了不少讽刺的话,非常伤心,从此以后他闭门自学,头悬梁,锥刺股,刻苦读书。

学成之后,苏秦来到赵国,提出安邦治国的政治主张。赵王听了之后,非常赞成他的主张,封他为武安君,赏赐他兵车百辆,白璧百双,锦绣千匹,黄金万镒(一镒等于0.75公斤)。让他到各国去游说，共同抗秦。苏秦一天路过洛阳老家的时候，他家人听说苏秦要从洛阳经过，急忙铺平道路，请来欢迎乐队，又摆设酒、肉、水、菜，来到15公里以外的地方来迎接他。

嫂子匍匐在地像蛇那样爬行，行四拜大礼跪地谢罪，妻子也不敢正眼看他，只是侧着耳朵听他说话。

苏秦看到这种情况，笑着说："嫂嫂快快请起！从前你对我那样傲慢，连饭都不给我吃，今天怎么如此谦卑的恭敬呢？"苏秦的嫂子是个直爽的人，一语道破天机："因为你现在地位尊贵，而且又有许多金银财宝啊！你做高官全家沾光呀！"

苏秦听了这些话，非常感慨，不由得长叹一声说："唉！同是一个苏秦，穷困的时候，没人理睬，父母也不把我当儿子，妻子不把我当丈夫看待。如今我居官富贵，他们都来捧我，如此奉承于我。人生在世，对权势、金钱、名利又怎能不追求呢？"

从苏秦的例子可以看出，亲戚之间也需要靠金钱来维护。

《儒林外史》中对势利者也有辛辣讽刺。周进发迹之后，曾侮辱他的梅玖恬不知耻地在别人面前称是他的学生，把他先前写的对联从墙上揭下，收藏起来。

汶上县的人，不是亲的也来认亲，不认识的也来相认。曾辞掉他、鄙视他的薛家集人也敛了份子，赍礼贺喜，后来竟供他的长生禄位牌。还有范进的老泰山胡屠户，更是一个市侩典型。在范进落魄潦倒时，对女婿颐指气使，极尽贬斥之能事："像你这尖嘴猴腮，也该撒泡尿自己照照"，"烂忠厚没用的人"。

范进中举之后，胡屠户旋即改口大夸特夸："我的这个贤婿，才学又高，品貌又好，就是城里那张府、周府这老爷，也没有我女婿这样一个体面的相貌。"

当他跟在范进后面走时，见贤婿衣裳后面有折皱，竟然一路低着头扯了几十回。

说穿了，都是势利二字在作怪。放眼现实生活，形形色色的势利现象不胜枚举。如果不相信，不妨看看我们周围。

目前,人们似首患上了一种"攀亲综合征",不管是今人还是古人,也不论是好人还是坏人,更不分是确有其人还是传说虚构的,反正只要是名人,必欲千方百计攀之而后快。

有钱千里来相会,无钱对面不相识。现在社会中的一切,都是建立在经济或者是物质基础上的,你没有钱,再好的亲戚、朋友也会慢慢地疏远你;你有钱,或者说得通俗一些,朋友、亲戚自然也都不会疏远你。其实,也没什么可怪别人的,这个世界,这个社会现在就是这个样子的。有钱,虽然不是万能的,但没有钱却是万万不行的。

第二章
学会处世，拥有生命的张力

　　人生是一个苦乐兼具的过程，只有看到你所拥有的，体悟你所获得的，你才能获得幸福。

——埃克尔

　　我见过的最美丽的事物，不过是这么几样：勇气、真诚与爱。人生是一个漫长的积累过程，在付出努力，历经各种艰辛之后，花蕾终将开放出花朵。

——达克斯

　　用心去聆听世界的声音，最美丽的事物会在你眼前显现。

——冯永伦

人生中最美好的事物

"人生中最美好的事物是免费的。"这是胡扯！

千万别掉进这个陷阱里面，傻傻地认为，自己没钱又没时间，还能得到最美好的事物。

什么是"人生最美好的事物"？这个话题很有意思。下面列出的是大家公认的"人生最美好的事物"：

孩子：出生，大笑，微笑，迈出第一步，病好痊愈，一个拥抱，一个吻，"我爱你"，一个礼物。

自然：沙滩，海洋，山脉，白雪，蓝天，漫长的夏日，鸟儿的歌唱。

家庭：爱，和睦，假日，安全感，承诺，遗产，关爱。

人们：帮助，友谊，陪伴，激动。

配偶：爱，分享，计划，陪伴，笑，记忆，成长。

旅行：冒险，舒适，学习，乐趣，锻炼。

生命：成长，成熟，精力，年轻，智慧，同情。

家：安全感，舒适，美丽，巢。

精神：爱，同情，理解，信仰，自由，归属感，承诺。

喜好各有不同。无论你喜欢什么，都来之不易，绝非免费，它们甚至是无价之宝。谁能给孩子的微笑标价？你的友谊呢，免费吗？这些都是无价的，千金难买真心朋友。

让人们给人生中最美好的事物列个清单，很少有人提及物质方面的东西。

如果有个人告诉你，对他来说，人生中最美好的东西就是一辆跑得快、贵得不得了的车。

你会信任这种人吗?

当然不会。你会把你自己介绍给这样的一个唯物质是瞻的人吗?绝对不会。

我们将大半的人生都花在追求物质上面。我们工作的目的就是付账单,我们偏离目标了。如果持续不断地把自己消耗在物质上,我们将没有时间关注人生中最美好的事物。

时间和诱惑

你的孩子的笑容是动人的，世间伟大的交响乐作品的旋律是美妙的。

夕阳西下，微风轻抚，和心爱的人在海滩上一起漫步是美好的。然而，所有这些都是短暂的，正因为如此，它们才珍贵，才美妙。

笑声能被记录下来。音乐也能。我们可以拍下夕阳。但是，所有这些记录捕捉的是一瞬，最美好的事物往往短暂。

怀念它们，因为它们从此不再。

明天不是也有日落吗？没错，但是它属于另一天。孩子不会再笑了吗？会的，但是笑容已然不同。你所爱的人明天不是还在这里吗？可能不会。你会明天一直在这儿吗？

我们妄想能一直让那些美妙的时刻重现。那些时刻是稀有并且短暂的，而且只存在于发生的那一刻。

我们一直在做梦，幻想某天我们有时间享受人生中最美好的事物。问题是，那时它们已不再。

一些人南辕北辙走得更远。我年轻的时候，大家称这种人为"不上道儿"。

他们放弃了对财务收益的追求，转而待在怪异的地方。他们从快车道上掉下来，决定去享受"人生最美好的事物"。

可是，生活还是需要钱和长期的安全感的。我们可以现在或推迟一会儿去享受那些好东西，不管哪个方案都是有代价的。如果我们现在享受，以后可能就没时间享受了。

当收入耗尽，赚钱的能力下降，那些"不上道儿"的人的老年生活可能就是看着生锈的乐器发呆。

　　而那些选择先赚钱后享受的人也是在博弈。数据显示，大多数人永远也别想停止工作，而我们将永远只是向前看，永远没有享受的那一时。我们只能想象着，不管是什么原因，一切总会变好的。

　　但是只要一直工作，我们就离那些美好的事物越来越远，永远别想再见。

　　很多人在忙于生计的时候，把享受人生中最美好的事物的时刻一推再推。真遗憾。美好的事物让生命变得美妙。然而，我们却把生命消耗在了谋生上。这是信念发生了错位？是我们确实需要钱？

一个父亲的故事

有些人发现了一种生意模式，能使赚钱这个部分从生活中剥离，并开始获得被动收入。这些人努力地工作过一阵子，然后用自己创造的管道收入享受人生。这些人中，多数为管道营销从业者，有钱有闲，这是享受人生的必要条件。

让我们来看看这两个人。第一个人，虚构的，名叫鲍伯；第二个人，真人，名叫布鲁斯。布鲁斯的故事百分百是真人真事。鲍伯的故事是大多数人的生活。一个人打破旧的游戏规则，另一个则遵守之。哪一个享有那些人生中最美好的事物呢？

鲍伯究竟多大年纪无所谓，可以是 20 多岁，30 多岁，40 多岁。他有个工作，是个诚实的好人，很爱自己的家。

一天工作之后，他去全职保姆那里将两个小孩接回家。鲍伯和妻子很快乐，因为他们的孩子可以不用去日托所，而能待在私人住宅里面。事实上，鲍伯每年都在做额外的工作，这样他就能让孩子待在私人住宅里。

"猜猜看！"保姆情绪高涨，"小鲍伯今天迈出了第一步。""这太棒了！"鲍伯说，"他可能会今晚在家迈出另一步。"鲍伯冲到家里，告诉了妻子这件事情，而她也刚忙完工作往家赶。他们快速地喂了喂孩子，给孩子洗了个澡，接着就去儿童娱乐室里拍照了。

的确，小鲍伯走了另一步。骄傲的父母拍了很多照片和视频。然而，第一步已经发生了，这些照片仅仅记录了孩子在父母面前迈出的第一步！在他们一生中只会如此了。

布鲁斯，已早早退休，他的管道营销生意很可观。最近，他问 10 岁大的女儿，一名优等生，明天学校是否有事。她答说没有安排，布鲁斯就告诉女儿他的计划。

他在私人商务俱乐部里订好座位。带着女儿享受了一个悠闲的清晨，而俱乐部中的其他人正在与客户谈生意，多大的反差！

布鲁斯知道女儿喜欢芭比娃娃，所以他事先买了五个芭比娃娃，精心包好。吃饭的时候，侍者把芭比娃娃送了过来，这个已经过上退休生活的生意导师花了一早上陪女儿玩儿芭比娃娃。为什么他要玩儿芭比娃娃？因为这是她想要的。对他们而言，过得很开心。这是免费的吗？不是，它是无价的。

魔力悄悄话

妈妈，爸爸，儿子，女儿，单身的，成对的，我们都应该有机会去享受人生最美好的事物。但是，为了做到这一点，我们必须作出艰难的选择。我们必须下决心去决定我们的未来和我们家庭的未来。

适应别人的情感需求

交际的切入对交际的结果起着至关重要的作用。切入得好,交际圆满成功;切入得不好,就不能取得预期的效果。那么,在职场中,交际该怎么准确地切入才能避免被孤立呢?

一个人的第一印象给别人的感觉最深,别人也可以从这上面大致地看出一个人的内在品质来。

同样,一个人在职场中能否招人喜爱,就看他能不能获得别人的认同,看他怎样恰到好处地适应别人的情感需求。具体可从如下几个方面来努力:

(1)关心他最亲近的人。任何人总是关心着自己最亲近的人。如果一旦发现了别人也在关心着自己所关心的人,大都会产生一种无比亲近的感觉。

交际就可以利用人们这种共同的心理倾向,从关心他最亲近的人切入,拉近交际的距离。

(2)在他心中建起"同胞"意识。"同胞"意识也就是亲情意识。《三国演义》里,关羽、张飞何以对刘备如此忠贞不渝呢? 主要原因就是刘皇叔在与关、张相识之初就和他们义结金兰,结拜为"同胞兄弟"了;"同胞"意识在关、张心目中牢牢地扎下了根。

能在交际之初迅速建立起"同胞"意识,就可以使对方放松对自己的警戒之心,而把自己接受为"自己人"。

具体做法其实很简单,对同事的称呼亲切甜蜜些,把"哥""姐"挂在嘴边上,就能得到很好的效果。

(3)为他助上一臂之力。热情相助最能博得人的好感。日常生活中,那些具有古道热肠、为人厚道、不吝啬、好助人的人总能在邻里之间、同事之间获得好名声。

因为人们一般都乐意与这些热心肠的人相识相交。比如，你帮忙碌的同事沏一杯茶，你就会得到善意的回报。

人们一般都认为，双方的矛盾爆发之后的一段时间，是交际的冰点。但如果此时一方能主动做出一个与对方预期截然相反的善意举动，就会使对方在惊愕、感叹、佩服、敬意之中认同你，从而化敌为友；交际的冰点就成了成功交际的切入点。

乐观生活每一天

消极者看到人家给他半杯水，会抱怨"只剩半杯水"，而乐观积极的人则会高兴地看到"还有半杯水。"你会怎么看待半杯水呢？

用乐观的心态对待身边的每一个人、每一件事，你会从中得到很多的乐趣，你的生活也会过得更加充实。

大多数人都喜欢和乐观的人相处，喜欢让他们快乐的天性感染自己，喜欢他们的热情。他们不仅自己成功，也帮助他们亲近的人实现成功。

乐观的人，常常是面带微笑、态度温和的，他们总是从周围去发现积极有益的东西，总是对他人表现出嘉许的态度。物以类聚，在乐观主义者的周围，我们常常能发现其他的乐观主义者，每天怀着期待在生活着。

在乐观者的眼里，挫折意味着机会，他们还会把这种健康向上的心态向他们的周围传播开。他们眼中的自己，也是很积极的形象；在他们的一切思想和想象里，都为自己描绘了一幅美好的图景，生活幸福，事业有成。他们总是预想自己的愿望都会实现，他们也知道，想象是生活的最好动力，于是，总是乐于用最高的目标来激励自己。

乐观者对于未来常常会有一个计划，总是能够知道自己在往哪个方向去。他们知道自己的目标，所以身处逆境，只会激发他们的斗志，使他们更坚强。他们欢迎挑战，从不退缩，反而借此来磨砺自己；同时，他们注意知识的学习。在生活中我们容易发现，如果一个人改变了他对周围事物和人的看法，那么，同样地，这一切对他的看法也会相应改变。如果有人愿意这么尝试，让自己的思想做一个一百八十度的转变，结果会让他瞠目结舌：他的物质生活状况竟然也会因此发生天翻地覆的变化。

事实上，一个人未必能接近他所希望的一切，但却可以接近与他同类的东西。真正塑造我们命运的那种神秘力量就在我们自己身上,就是我们内心那个真正的自我。我们在现实中所能实现的目标,也就是我们在思想中为自己预设的那个结果。如果我们希望能够有所进步、有所胜利、有所实现,那么,唯一的办法就是先让自己的思想跟上;如果不能做到这一点,还是让自己的思想停留在原地,不但无法获得力量,注定会生活在不幸之中。

"清醒冷峻的乐观主义者,他们意识到所生活的世界并不完美,友爱可能遭受冷落,无辜的人会受到伤害。"作家阿兰·洛依·麦克金尼斯这样说。按照他的说法,这一类乐观主义者,他们作为一个群体有一些自身的特征,主要表现为:

1. 处变不惊

乐观的人能充分预计到困难的存在,随时愿意去解决各种难题和挑战。

2. 解决问题的愿望

事实上,如果乐观者不能找到一个完美、没有缺陷的答案,也愿意接受权宜之计,乐观的人从不害怕新事物。

3. 把握未来

乐观者相信自己能够把握自己的命运,不愿做听天由命的人。乐观者热情洋溢地对待一切,认为凡是自己希望的事情,自己都能够做到。

4. 能够迅速摆脱自己的阴暗思想

乐观者能迅速地走出不幸的境遇。乐观者不会因为遭遇了一次不幸,立刻就把它上升到一种普遍的意义。

5. 一种"不管风吹浪打,胜似闲庭信步"的心态

即使环境极其险恶,乐观者也从容不迫,总能找到让自己高兴的东西,

有时甚至只是一杯咖啡也能玩味半天。

6. 先幻想自己的成功

悲观者总是把视线集中到不幸之上，而乐观者的脑海里想到的都是一些快乐的事情。乐观者关注现实，但从不放弃希望。

7. 接受非人力所及的一切

乐观者知道生活并不可能总是按自己预想的展开，相反，它有自身的规则，按照自身的轨道运行。人与人的不同只在于处理方式的差别。

8. 总是微笑着面对生活

他们每天都会有一个好的开始，锻炼或者思考；他们常常开怀大笑；无论环境怎么险恶，他们总是不忘在某些特殊的场合庆祝一番；通常他们都喜爱音乐。

对于那些不停在抱怨生活的人，乐观者非常友善地倾听，但并不受他们影响。乐观者也会表达自己一些不好的情绪，但从不被自己的这种心情所累，很容易就转换到其他话题上。

守住内心的阳光

对一个人来说，要想在自己的事业上获得成功，也许肉体上的折磨算不了什么，只有精神上的折磨可能才是致命的。

如果你有心开创自己的事业，你就一定要先在心里问一问自己：面对从肉体到精神上的折磨，你有没有那样一种宠辱不惊的定力与精神？如果没有，那么一定要小心。

许多人尤其是刚刚参加工作的青年，往往会对自己选择的工作不满意，常常抱怨公司或单位的条件太差，埋没了自己的才华，整日感叹那里没有一个伯乐来赏识自己这匹"千里马"。

因此，在做事上就形成了拖拖拉拉的习惯，工作上保持三分钟的热度，站在这个山头上总是看见那个山头高.总是在暗地里盘算着要去别的地方走一遭，换个新环境，舒畅舒畅。

如果一个人能在自己作出选择的那一刹那，就把自己的心踏实下来，就打算坚持下去。那他一定会在脚下的这块土地上掘出生命之水来，而不是挖一个坑换一个地方，到最后有被渴死的可能。有些时候，缺乏坚持的恒心，缺乏忍耐的精神，可能是因为小时候没有训练出这样的品质，没有这样的机会培养出这样的习惯！

美国著名心理学家瓦尔特·米歇尔曾在一群小学生身上做过一个有趣的实验。

他给每个孩子发一块软糖，然后告诉他们说他有事要离开一会儿。他希望孩子们都不要吃掉那块软糖，他允诺说：假如你们能将这些软糖留到我办完事情回来，我会再奖励给你们两块软糖。然后他出去了。寂寞的孩子们守着那块诱人的软糖等啊等，终于有人熬不住了，吃掉了那块软糖。

接着，又有人做了同样的事……20分钟后，米歇尔回来了。他履行诺言，奖励没有吃掉糖的孩子每人两块糖。多年以后，他发现，那些不能等待的孩子大多一事无成，而日后创出一番业绩的全都是当年那些愿意等待的孩子。

坚强的忍耐力对于每个人来说，都不是天生的，需要在生活中磨炼。忍耐力是非智力因素中的重要一项。有些人可能是由于社会环境的影响或者是作为独生子女的"中心"地位的副作用，在学校、在家庭，养成了任性、冲动、无耐性的坏习惯，他们无克制力、意志薄弱，做事往往虎头蛇尾。这种习惯无论是对他个人还是对社会都是不利的，都无法很好地适应现代经济发展的态势。

如果你想真正改变自己，真正让自己在工作上有突出的表现，那你就必须学会暂时的忍耐，忍耐环境对你的磨炼，对你的考验。既然选择了，就不要轻易放弃，否则你将永远一事无成。

加盟NBA6年，罗斯一直默默无闻，他先是效力于烂队掘金，后又转入步行者。在步行者的头两年他的日子一点都不好过，他得不到教练布朗的赏识，时常被晾在替补席上。"记得曾有一个赛季，连续14场没让我上阵，而当时我身上根本没伤。"说起那段痛苦的经历，罗斯至今感到心寒，但他认为这让他学会了很多，尤其是让他学会了忍耐，使他更加明白什么是值得更加去珍惜的。

直到伯德到步行者执教，才给罗斯带来了转机。罗斯在密歇根大学打球时。伯德曾看过他打球，当时就觉得他很有打球的能力。所以伯德到步行者对罗斯说的第一句话就是："我相信你有天赋，我会重用你。"伯德的话给了罗斯极大的信心，他勤学苦练，技巧很快地得到了提高，并很快被列入首发阵容，如今罗斯已成为步行者的中流砥柱。在一次总决赛的比赛中，罗斯更是表现不俗。在前五场总决赛中，他发挥正常，平均每场得分达到了22分。

尤其是在第五场比赛中罗斯更是独领风骚，一人揽下了32分，成为步行者的得分王。"罗斯一直是我最欣赏的队员之一，"伯德赛后说，"他的成功归功于他的踏实和努力。"

如果你已经对自己的业务有了一个全面的了解，你已经对它的运作有了十足的把握，那你离成功的日子也就不远了。在你还不成熟的时候，在你感到自己的知识还比较欠缺的时候，你不妨把抱怨先收起来，努力积蓄自己的能量，等到机会到来的时候，你就能让自己在发挥才能的过程中闪出耀眼的光彩。

不要急于表现自己不完善的能力。不要苦于找不到赏识自己的伯乐。如果你想让自己有一个灿烂的明天，那你就应该在工作中，学习中学会观察，学会磨炼。只有在这种考验中，你的能力才能得到提高，你的水平才能得到发挥。

第三章
在处世中，激励很重要

　　伟大人物的最明显标志，就是他坚强的意志，不管环境变换到何种地步，他的初衷与希望仍不会有丝毫的改变，而终于克服障碍，以达到期望的目的。

——爱迪生

　　顽强的毅力可以征服世界上任何一座高峰。

——狄更斯

　　在科学上面是没有平坦的大路可走的，只有那在崎岖小路的攀登上不畏劳苦的人，才有希望到达光辉的顶点。

——马克思

职场成败取决于态度

"频繁跳槽"在很多职场新人身上普遍存在。只要稍微觉得不如意，他们就会选择跳槽。

尽管在职场中跳槽很正常，但如果是频繁、盲目地跳槽，那就会越跳越槽，尤其是对大学毕业生来说，频繁跳槽的结果是光在那里适应新环境了，该学的一点都没学到，最多也就学了点皮毛。于是，时间浪费掉了，能力却一点没有增长。

与其这样，还不如就在现有的岗位上沉下心来，把该学的都学会了。随着自己能力的不断提高，更大的发展也摆在面前了。

"做这个太累了，我要找一份轻松一点的工作。"

"看来我不适合这份工作，还是趁早走人吧。"

"这里又没什么发展空间，何必在这浪费自己的青春。"

……

很多人工作之初都有类似的想法和心态，在他们看来，最差劲的工作就是现在的工作，而最好的工作就是下一份工作，所以他们选择了不断跳槽。而跳来跳去，薪水没见高，职位也不见高。

对此，我不由想起我的同行兼好友、著名职业生涯培训师程社明的一个理念："跳槽不如跳高。"

是啊，任何人在刚刚参加工作时，其工作岗位可能很普通，也可能有种种的不如意。但许多成功人士都以亲身经历告诉我们：在工作的第一个阶段，获得能力与经验，往往比其他更重要。

而且，只要有能力和素养的提高，自然就会获得更好的回报。所以与其盲目而频繁地"跳槽",不如将本岗位上的工作做到最好,并因此获得更大和更长远的回报。

其实,没有不好的工作,只有不好的态度。态度转变了,再普通的工作,也能做出不普通的业绩。一提起殡仪馆的工作,绝大多数人可能都会摇头,而如果说要给遗体整容,那恐怕更是敬而远之,甚至觉得,凡是有点能力的人,谁会去做那样的事?也只有那些没文化、最底层的人在无可奈何的情况下才会选择那样的职业。

但是,有一个人却不仅选择了这个职业,而且做得非常出色,这个人是一位女性,而更让人想不到的是,她学历很高,而且是曾经留学德国的"海归"。

不少媒体曾经报道了这样一个人物:她叫焦锦,是北京11个殡仪馆中唯一的一名女整容师。

当初,从德国留学回来后,她满怀自信,也想找份好工作,成为高级白领,但没想到求职的路却并不容易,甚至接连碰壁。而这时候,恰好有一个去殡仪馆工作的机会。她想了想,觉得不管干什么,只要做好了,就会前途无量,于是就接受了这份工作。

尽管作为北京殡葬业招的第一个"海归",但她却并没有什么优势,毕竟她学的不是这个专业。但她的心态很好,不懂就好好学。先从最基本的开始学起,包括穿着打扮、语言中的一些禁忌。没干几个月,焦锦竟然喜欢上这份工作了。

因为在她看来,能在别人最悲伤的时候,尽自己最大的能力去安慰和帮助他们,也是一件很有价值的事情。不仅如此,她还主动向主任提出要学习"遗体整容"。这让主任很意外,因为从来没有女孩子学这个的。但焦锦却下了决心,就是要做第一个。

给尸体美容,听上去就很毛骨悚然,可焦锦却乐在其中。有一天,殡仪馆送来一具死了一周才发现的尸体,浑身腐烂,发着恶臭。一般人看到这种情况,可能第一时间就躲得远远的了,可是焦锦想:我一定要适应,否则以后还怎么工作?参与完遗体整容,她连中午饭都没吃,但她还是为自己能够克服心理障碍而感到欣慰。

　　自从做上了给遗体整容的工作，她每天多的时候要给十多具尸体整容。没几个月，她的业务水平上了新台阶，不久就被提拔为班长。对于一个很多人都不愿意做、甚至看不起的工作，焦锦却做得有声有色，因为她体会到了其中的价值，对于她来说，能给死者的家属带去安慰，就是一种幸福。的确，工作没有好坏之分，只要心态调整了，在哪里都可以做得很出色。

魔力悄悄话

　　很多人总觉得工作不好，不断跳槽，这样不仅自己能力不能提高，还会给单位造成不好的印象：对于一个在哪里都安不下心、经常换工作的人，怎么能放心去培养呢？所以，永远也要记住：用爱岗敬业的心态，处处都是成才的机会；用浮躁挑剔的心态，处处都是不满意的地方。

从职场的底层向上攀登

在《青年文摘》上,曾经刊登过一篇王磊写的《年轻人,你在职场第几层?》的文章。文中这样写道:

高宁在一家电脑公司工作,刚开始做的是库房管理员,负责搬卸货物,清点库房。因为工作枯燥,不到半个月,他就坚持不下去了,想要离开。经理看他比较机灵,于是执意挽留他,并对他说了这样一番话:职场就好比是高楼,大家按照工作能力由低到高的顺序,分别站在不同的楼层里。而职场里的人分为人力,人手,人才,人物。

所谓人力,只需要你在工作中肯卖力气就足够了;而人手,则需要你熟悉掌握工作,能应付突发事件;人才则需要你头脑灵活,能够在工作中提出创造性的方案;而人物就需要八面玲珑,用自己特有的方式为公司做出比较大的贡献。

看高宁听得很认真,经理又说道:"年轻人,你在职场第几层? 每个公司就是一座大厦,你如果只是不停地在各个大厦之间穿梭,而不是努力提高自己的本领,那你永远都只能在最下面的一层。"这番话对高宁来说犹如当头棒喝。从那以后,高宁就像变了个人似的,开始努力工作。

每天卸完货,他不再像以前那样有时间就在屋里看手机小说,而是在库房仔细清点产品,把各种产品的型号、数量、出货量、入货量都牢牢记在心里。这样一来,由于对库房的产品非常熟悉,取货时间大大节省。来库房取货的工人们都对高宁的办事效率赞不绝口。很快,他的表现就传到了经理耳朵里,不久,他就将高宁调到办公室里,专门负责管理公司产品的保管和运输。这样一来,高宁就从最初的"人力"变为了"人手"。

到了办公室之后,高宁比以往更努力地工作。慢慢地,他发现公司业务量比较大，经常有客户自己来公司找保修人员维修电脑，有时几个客户一起过来，人手往往就不够。于是，他下决心自学有关电脑维修知识，并且利用休息时间帮着保修部门的同事修理电脑。时间一长，高宁不仅成了保修部门最受欢迎的人，而且自己也练就了过硬的维修电脑的本领。没人要求他去维修，也没人要求他去学习维修知识，但高宁却主动做了，而且做得很出色，正因为一般人做不到而他做到了，他自然就成为"人才"。

后来，一个偶然的机会，他发现研究生对笔记本电脑的需求比较大，于是向经理建议挖掘这个市场，并且做出了不俗的成绩。公司的高层意识到他是个人才，于是便将他调去做市场开发。在短短一年的时间里，高宁就成了公司里的销售明星、让大家佩服不已的人物。不久之后，经理被任命为集团的副总，高宁也被他推荐到了副经理的位置。就这样，高宁很快就从最初最不起眼的库房管理员，变成了公司不可或缺的"人物"。

高宁的经历对许多身在职场的人来说都很有借鉴意义。谁都希望自己是"人物"，但这并不是想要就能有的，必须有一个过程。刚开始时，没能力、没经验、没资历，从第一个层次也就是"人力"做起是很正常的。起点低并不可怕，关键是如何迅速提升，尽快缩短从"人力"到"人手"，从"人才"到"人物"的过程。

故事的主人公为我们提供了一个很好的岗位"跳高"的榜样，如果不愿意在职场最底层待着，那么唯一的办法就是不断学习和提升自己的能力。当你的贡献越大的时候，职场最高层的位置才有可能真正属于你。

尽管很多人都想在单位迅速脱颖而出，但同时也觉得难度很大，毕竟，成功不是一朝一夕的事。

成功固然要有过程，但只要掌握了其中的方法，那么要迅速发展并不是难事。我们把这种方法总结为"岗位成功学"，它包括这几点：

（一）有明晰而强烈的岗位目标

也就是说，一定根据自己的工作特点设定一个岗位目标，并且有时间限制,比如:一年之内,我要完成30万元的销售额。当然,仅仅做到这一点还不够,还需要将目标量化和分解,比如:为了完成这一目标,每天需要打60个电话,每周拜访10个客户……这样一来,目标有了,而且具体的做法和努力的方向也有了。

任何时候,有目标的人才会有激情和工作的动力,也最容易成功。新东方董事长俞敏洪讲过这样一件事:

新东方曾经招过一名普通大学毕业生。刚来时,他做的只是帮助学生收发耳机的工作。但和别人不一样的是,这位员工不是过一天算一天,而是选择了积极的工作态度,一边帮助学生收发耳机,一边认真听每一位老师上课。由于听了很多老师的课,所以不知不觉掌握了很多的教学方面的技巧,两年后这位员工的英语已经达到了很高的水平。

有一天,这位员工跑来找他,说自己要当老师。当时他吓了一跳,心想一个收发耳机的人怎么有能力当老师呢?但通过试讲,他才发现这位员工的讲课水平已经很高了。于是这位员工成了新东方的名牌老师,后来又成了新东方一家分校的校长。

正因为有强烈而清晰的目标,知道自己要什么,通过什么样的途径去做,最终,这位普通的员工赢得了不一样的人生舞台。所以,不要再等了,哪怕今天是第一天踏入职场的,也不要让每一天虚度,而是从现在开始,就给自己制定出一个明确的目标,并且付出不达目标誓不罢休的行动。

(二)按最佳工作标准做事

很多人做事都是差不多、过得去、能敷衍就敷衍,按这样的标准去做事,进步和发展肯定都是最慢的。而反过来,不管做什么,都按照最佳的标准去做,那么,到哪里都能发出最耀眼的光芒。那么到底什么是最佳标准呢?我们先来看看下面的案例:

许建是南航新疆分公司一位普通的送票员。他最大的特点是无论客户怎么要求,他都力求提供最优质的服务。

一天晚上，一位七十多岁的老太太打来电话，要求订一张第二天一早从乌鲁木齐到北京的机票。票订好了，当时已经是晚上12点，因为是一早的飞机，第二天送票来不及，只能当晚就送过去。许建二话没说，拿起票跳上了车，20分钟后，他把票送到了老人的手里。谁知道票送过去了，老人却提出那个航班太早，要改成上午的航班。

很多人如果遇到这种情况，就算表面上不说，心里也会不高兴：刚刚还那么急，催着要订早一点航班票，现在又嫌弃太早！但许建却一点都没抱怨，只是笑着让老人再等40分钟，自己马上回去重新出票。

当他重新出好票再次回到老人家时，没想到又出现问题了，老人很不好意思地告诉他，自己刚和女儿通了电话，女儿让她去石家庄，看能不能把票改为去石家庄的？要是一般人肯定会生气，哪有这样折腾人的啊？可许建还是微笑着对老人说没问题，他先打电话问问还有没有去石家庄的票。结果只剩一张票了，许建马上赶回公司，帮老人拿到最后一张票。当他第三次敲开老人家的门时，老人感动得不知道说什么好。

从这个案例当中，我们看到了什么是最佳工作标准，对于许建来说：让客户满意就是最佳标准。为了达到这个标准，自己做什么都愿意。

只要有了最佳工作标准，那么行动自然就会朝这样的标准靠拢。既有标准，又有行动，工作哪有做不到位的理由！

（三）为胜任岗位不断学习

真正有职业素养的人，不会因为一时的不会、不懂就轻易放弃眼前的工作。因为，不管到哪里，工作都会有要求。如果总是不会就走，那永远都学不会、搞不懂。

优秀的人在明确了岗位职责和目标后，就会考虑自己的能力还有什么欠缺，应该怎么学习和弥补。

宋世雄是著名的体育评论员，在长达四十余年的评论生涯中，他转播了大大小小共两千多场比赛，曾亲历4次奥运会转播，见证了中国女排最辉煌的"五连冠"。他那招牌式的声音和独到的解说风格,深受观众的喜爱。但很多人并不知道,进入这个行业之前,宋世雄并没有学过播音,而且只是高中毕业。当年,是凭着对体育解说无比的热爱,他最终才被中央人民广播电台体育组破格录取。

谁都知道,当体育解说员并不容易,因为没有现成的稿子,只能当场解说,所以,临场发挥的能力就显得至关重要。为了锻炼自己的这种能力,宋世雄就向自己最崇敬的老师——新中国体育转播奠基人张之学习。张之为了能做到出口成章,看见什么说什么,让观众有身临其境的感觉,曾经每天站在自家阳台上,对着黄浦江,把过往的船只和行人都当成解说对象,大声演说和练习。

为了能像老师那样准确地描绘赛事,妙语连珠,宋世雄抓住一切机会练习,看到书上的插图,他就把图中的内容形容一遍;看到一首诗,就把诗的意境马上解释出来。除了经常独自练习演讲外,他还会到公园里去给小朋友们讲故事。就是在这样点点滴滴的练习中,宋世雄的解说风格越来越成熟,慢慢地开始深入人心。

做任何工作都一样,没有谁一开始就能在岗位上如鱼得水。要胜任岗位,就必须围绕岗位的职责,不断学习和提升。这种学习可以是随时随地的,可以随身带个小本子,将工作的点滴知识和感悟随时记录,并且不断温故知新,这样坚持一段时间,就会发现对提升自己的工作很有帮助。

避免被同事孤立

据国内一家知名咨询机构最近的一份抽样调查显示：近七成的职业人士在工作上遇到过人际关系的困扰。确实，上班之后，每天和我们相处时间最长的人是谁？不是爱人，不是父母，而是同事。尽管你小心翼翼地维护着和同事的关系，但有一天却仍可能惊奇地发现，自己怎么在不知不觉中被同事孤立起来了？要想避免这种情况，首先要探究和查明发生这种情况的可能原因。

因为薪水过高遭嫉妒

小莉自从进了现在这家公司后，就一直被同部门的两个女同事孤立。每天上下班，小莉都会向她们微笑、打招呼，但她们总是面无表情，装作没看见。每每这个时候，小莉的微笑就一下子粘在了脸上，别提多尴尬了。平时，她们也不和小莉讲话，有时小莉凑过去想和她们一起聊天，结果她们像商量好的一样，马上闭上嘴巴，各做各的事情去了，丢下小莉讪讪地站在一边。

在这种环境下工作，小莉的郁闷可想而知。后来，她才迂回曲折地从其他同事那里听到一点风声：小莉虽然初来公司，但工资却比这两个女同事高出一大截，于是引来了她们的嫉妒。

小莉对现在的工作非常满意，不仅轻松，工资待遇也很称心。她不想因为同事关系不和就牺牲了工作，可心头的烦恼却一天甚似一天。

后来，一位经验丰富的大姐帮她出了一个好主意：堡垒都是从内部攻破的,想不被人孤立,关键在于打破敌意方的统一战线。小莉可以找机会多接近两人中比较好说话的那个,经常赞美赞美她的服饰、气色,聊聊家常;另一个就只打招呼,少说话。时间长了,她们的阵营自然就被分化了。在小莉的耐心努力下,问题终于得到了有效解决。

因为没有把握好自己在职场的角色

丽丽在一家国有企业从事财务工作,财务部只有主任、出纳和她三个人。主任不管业务,出纳去年才凭关系进来,于是全部门所有的工作几乎都压在了丽丽身上。出纳只做现金一块的活计,连最基本的报销都不做,但主任从来不说半个"不"字,因为她有靠山。在领导的纵容下,出纳工作极其马虎。相反,丽丽做事努力尽心,可到最后总是吃力不讨好。主任有时还会暗示丽丽,她对工作太认真,把事情都默默地做完了,不等于把他架空了吗?

丽丽心底里直呼冤枉。主任连电脑都不懂,动不动就甩手把所有的工作都堆到她一个人身上,把她累得几乎趴下。到头来,却埋怨她太过能干,丽丽感到自己简直里外不是人。

现在,主任和出纳都明显地表现出不喜欢丽丽,平时两人总是有说有笑,单单把丽丽排除在外,丽丽为此郁闷不已。

实际上,被同事孤立时,我们也应从自身找找原因。如果一个人不喜欢你,可能是他不对;如果所有人都不喜欢你,也许问题就出在你身上。丽丽对工作兢兢业业,为什么不被主任肯定? 很可能是她平时有些越级的举动,令主任不满。她说,自己很想把财务部门的工作搞好,可是,三个人中,就只有她有这个意识。由此可以看出,她把自己的角色弄错了。把部门搞好是主任的事情,作为下属,应当配合上级完成这一目标,而不是干脆代替上级去思考。她在言谈中,对主任颇为鄙视,主任对此怎么会没有察觉呢? 看来,丽丽还是应该先摆正自己的位置。

因为太出风头

小孙是个精明能干的女子，年纪轻轻便受到老板的重用。每次开会，老板都会问问小孙，对这个问题怎么看？小孙的风头如此之硬，公司里资格比她老、职位比她高的员工多多少少有些看不下去。

小孙观念前卫，虽然结婚几年了，但打定主意不要孩子。这本来只是件私事，但却有好事者到老板那里吹风，说小孙官欲太强，为了往上爬，连孩子都不生了。这个说法一时间传遍了整个公司，小孙在一夜之间变成了"当官狂"。此后，小孙发觉，同事看她的眼神都怪怪的，和她说话也尽量"短平快"，一道无形的屏障隔在了她和同事之间。小孙很委屈，她并不是大家所想的那么功利呀，为什么大家看她都那么不屑？

在职场中锋芒太露，又不注意平衡周围人的心态，有这样的结果并不奇怪。小孙并非是目中无人，只是做人做事一味高调，不善于适时隐藏自己的锋芒。只要小孙能真诚地对待同事，日子久了，他们自然会明白，这就是她的真性情。

被同事孤立的滋味不好受，被孤立的原因也是五花八门的。但每个感到孤立的人都可以想一想，为什么被孤立的是自己，而不是别人呢？除了遇上一些天生善妒的小人，自身的一些缺点大都是导致被孤立的主要因素。在单位里，飞扬跋扈的人、搬弄是非的人、打小报告的人、爱出风头的人，往往都是被孤立的对象。假如你被孤立了，赶快检查一下，自己是不是这类人？

恪守自己的道德守则

在公司事务中，你最难处理同时对你最致命的打击就是被怀疑有道德问题。一旦给人留下"道德有问题"的形象，你在公司中的前景可就不妙了，不仅上级不会重用你，而且其他同事也会疏远你。

同事的所作所为、经理层的决定、公司政策的变动或外来压力等，都会影响你的"形象"。这样，我们就无法预测道德问题会何时出现、来自何方、究竟是什么问题等。不过，问题的关键还在于你如何把握自己，尽力使自己成为一个在道德上无可置疑的人。

在工作中避免道德冲突的关键是自身要有心理准备，在你和受你影响的人的头脑中确立这样一种观念：你确有自己明确的道德准则。

第一步，你要明确自己的个人道德限制及其范围。第二步，要让别人知道你的这些限制和范围。如果你清楚地认识到自己的标准，并准确地向其他人表达，你就不会遇到太多这方面的问题。

在工作中，我们会在许多场合出现种种道德问题。你自己的行为、同事的行为、公司政策的建立和变动、财务分配、法律案件及处理敏感信息等，都会引发道德问题。因此，你最好在确定你个人的道德准则时把每个因素都考虑进去。下面就是你在考虑一些令人迷惑、至关紧要的道德问题时应该注意的问题。

1. 敏感信息

如果你怀疑信息是否真的会带来道德问题，只要想想内部交易的例子就够了，这些人会利用秘密信息来增加他们自己和客户的收益。让不该知道的人在不该知道的时间得到准确的信息，破坏那些通过合法权利得到这些信息和给出信息的人之间的道德信任。由此可见，这种利用敏感信息来获取暴利的行为是不道德的。

如何不使自己陷入此境呢？这里有一条十分重要的经验就是，如果你想在某一问题上保持清白，就应该像对待个人隐私一样，对保密的信息始终保密。

2. 法律事件

令人吃惊的是，人们经常将道德等同于法律。在一个公平的社会里，人们期望法律最高程度地反映道德准则，但每个人都知道，有时道德问题也会向法律提出挑战。例如，一个穷人急需为其妻子弄一些救命药品，这个人买不起这些药，而且他所有正当努力都失败了，绝望之中他潜入一家药店，偷走了药。通过此例，我们可以看出，这个穷人尽管违法，但其行为在道德上却值得同情和理解。

一些研究伦理道德的专家认为，类似这个穷人的行为在道德上应该是说得过去的，因为在道德的最高水准上，一个人的生命之可贵应该胜于法律加之于人行为上的限制。

无论你是否同意这一观点，但有一个问题是，你不能总是靠法律来指导你的道德判断。毫无疑问，一些矛盾的现实会向你的道德观提出挑战。因此，将你的道德观念与法律的关系界定清楚，这会帮助你面对这类问题。

3. 财务分配

与法律事件一样，关于财务问题也有一个正式的基本准则。然而，有时你会被引诱去违规，就像内部交易的例子一样。有时获得钱财的机会对你的影响甚于你的判断与控制力，金钱会令有些人失去理智。当他们负债累累、有机可乘，或者贪婪不已时，就会失去自己应有的判断力。对于金钱，有一个帮你远离泥沼的标准，那就是保持自身的清白。

4. 公司政策

当公司的政策转变缺乏道德标准时，也可能会给员工造成一定的困境。假设公司突然通知你,公司决定开发一种会产生有毒废弃物的新产品,并且由你来负责这一项目。对于这一问题的道德问题,也许会引起你的关注,也许不会。但如果你是一个环境保护主义者,你就会处于一种两难的困境。你可能会向公司上层提出异议,但公司领导一再坚持,于是你要么遵命服从,要么表示抗议,以至离开公司。尽管你不能预见所有行为的可能结果,但如果你拥有一些个人的道德原则,无论公司做出什么样的令人难以忍受的决策或采取什么行动,你都不会全然手足无措。

5.同事的行为

如果你与他人共事,很可能会发现别人做出违背你道德准则的事情,这时你也会陷入一种困境。尽管你会小心翼翼地不把自己的立场强加于人,但有时你还是觉得,必须对潜在的危险行为做出自己的反应。在这种情况下,如果你拥有个人的道德和行为准则,你就能在面对问题时快速做出自己的决定与选择。

6.个人行为

这或许是与道德有关的领域中最容易控制的一个方面,因为你唯一能完全控制的就是你自己。为自己的道德行为确定明确标准并坚守它们,当其他因素危及你的道德观时,你就不会为难。

道德问题是一个很强的伦理判断问题。说你有道德问题,除了你自己的表现以外,其他人的价值取向和利益动机也会对此产生直接影响。因此,一些你无法左右的事情往往会使你蒙受"不白之冤"。

将每天的小事做好

真正把过去珍藏起来的人，不会悲悼那些消逝的黄金时代，因为回忆中的岁月不再消失。

在哈佛大学，曾经有过这样一个故事：

一向为大家所爱戴的教务长伯拉格先生，有一次问一个学生，为什么他没有把指定的功课做好？那学生回答："我觉得不太舒服。"

教务长就说："史密斯先生，我想，有一天你也许会发现，世界上大部分事情，都是由觉得不太舒服的人做出来的。"

我常常想起教条长说的这句话。我在想，以他那样体格不太强健的人，说这话时会不会也有一点疲惫的感觉。说不定那天他来哈佛也只是因为把自己的责任看得比自己的安适还重要，所以硬撑着身子来的。

我相信，教务长一定知道，有些病使人根本不能行动，也有人只是因为对自己的健康过于小心而不活动。可是他一定也知道，疲累或懒惰的征兆实际上是可以分辨的。他一定也知道，不太舒服和不想做一件难事却是不容易分辨的。他也知道，假使一个人和人家约定做一件事，要在星期五完成，可是如果星期二和星期三已经做好了大部分，那么星期四即使有一点头痛，也没有多大关系了。

教务长也了解，世界上有两种人：一种人先把自己必须完成的许多责任计划好，然后在做的时候，从工作的间隙中发掘乐趣。而另外一种人却只想到如何享乐，然后再想到工作的责任。

每逢阴霾满天的早晨，有人因为一定要在 9 点钟开始工作而生气的时候，我就常想起教务长的话来。我就笑自己，这样立刻会觉得很安适，然后开始做必须做的工作。

有好些人看不起劳动，看不起卑微的劳动。很多人对模式化的工作叫苦连天，认为整天"早九晚五"的生活着实让人痛苦，要不是为了拿那份薪水养家，自己才不会去上班呢！于是，几乎所有人都觉得那些自由自在的生活是多么的幸福，都希望自己能像艺术家那样整天都不用重复昨天；像富翁那样有钱就可以想上那里就去那里，想干什么就干什么；像自由职业者那样想工作就工作，想玩就去玩……

有很多人上完大学后，为了逃避就业，干脆就去考研甚至出国，以为这样就可以争取到自由了。其实，存在上述心理的人，是没有真正弄清楚人为什么要工作，工作的意义是什么。

很多人害怕、讨厌和咒骂"模式化"的工作，但"模式化"工作说白了就是简单劳动和重复劳动。然而，这些简单和重复又是何其的重要呀！因为，世界上若没有简单哪来的复杂？若没有重复哪里有积聚？没有从起点的不断累积哪里有终点呢？没有水滴不停地重复击向石头，它又如何能穿孔呢？

是的，"不积跬步，何以至千里；不积小流，何以成江海；不积垒土，何以成高山。"这些都是通过不断地重复才成就了伟大的。

成功就是简单的事情重复做。恩格斯告诉我们："劳动创造了人。"而现在，无数成功人士的成功秘密告诉我们："重复，创造了成功的人。"

建议一切想在职场中成功的人，都可以找一件值得你做的工作，然后开始重复地做这项工作。

重复做炸鸡成就了肯德基；重复做汉堡就成了麦当劳；重复煮咖啡就创造出了星巴克，重复做什么就成为什么！亚里士多德说得好："优秀是一种习惯，而不是一个行动。"什么是习惯？每天都在无意识地做着的简单的重复就是习惯。

每一个人，包括在人们眼中工作性质最不"重复"、从事创造性活动的艺术家们，都会有感到枯燥和无聊的时候，都会有不想"重复"的时候。所以不想"重复"是大多数人的理想和心愿，但这毕竟只是遥不可及的愿望而已。

可惜，这个世界上除了重复你善于重复的那些事情，哪里还会有什么生计能够填得满你的饭碗、体现得了你的价值呢？即使有必定是重复得来的。

在这个世界上，最难完成的事情和最容易完成的事情都是同一件事，那就是简单的事情重复地去做。当然，光重复着去做还不够，还要每天进步一点点。

一个企业若能每天重复那些看似简单但贵在坚持执行的各项工作，并把"每天进步一点点"作为自己的企业文化，企业里的每一位员工都能坚持简单和重复，并能做到"每天进步一点点"，那么没有任何东西可以阻挡它走向辉煌的步伐。

我们的老板和上司并不是比我们聪明多少，而是因为他们懂得和愿意去做那些简单和有效的事情，并且能够做到每天进步一点点。只要你也这样做了，你就一定能成功。

魔力悄悄话

一个人如果每天都能重复自己简单的工作，并且能够每天进步一点点，哪怕是十分微小的进步，也会最终使他走向成功。

不要忽略一个细小的错误

很久以前,狮子国想借道羊国以便攻打鹿国,狮子国的国王就与军师商量一策。

军师说:"我们可以把家传的玉璧与名马赠给羊国,羊国一定会给我们让路。"

"但玉璧与名马都是我的宝贝,万一对方收了东西却不让路,我又如何是好呢?"

军师说:"如果对方不借路给我们,应该就不会收下东西了。既然收了东西,就会让路的,玉璧只是从内仓到外仓而已,马也只是从内侧马厩牵到外侧马厩而已。"

于是,狮子国国王命军师带这两种宝贝去交涉。羊国国王对礼物十分钟情。正要接受狮子国的要求,大臣出来阻拦:"不可以收。对我国来说,鹿国就像唇一样,唇亡则齿寒,如果我们借路让狮子国灭了鹿国,它下一个目标就是我们了。"

羊国国王被宝贝迷了心窍,收下了礼物,让路给狮子国。

不出羊国大臣所料,狮子国在灭了鹿国后,就把羊国也灭了。

羊国国王贪图名马、玉璧,到头来丢掉了自己的江山。"捡了芝麻,丢了西瓜",这种现象乍一想来难以发生,实际上在生活中却时常出现。

这是因为人是有贪心的,总是割舍不掉自己的利益,有时正是因为对于蝇头小利的执着,导致失却了更大的利益。

许多企业就像羊国国王那样,两只眼睛只盯着那些表面的利益,却不去考虑其可能带来的损失,蒙骗顾客。

　　只有那种经营时不让顾客有丝毫的遗憾、不满，不再经营时让顾客遗憾万分的公司，才是真正经营成功的公司，才是名利双收的公司。

　　办企业一定要诚实，对所有顾客负责，靠欺骗顾客混日子是长久不了的。

　　做生意必须彻底实践对顾客应尽的礼仪和责任。不仅用嘴说要如何为顾客服务，而且要用实际行动实践这项义务。同样的道理，做人也应当如此，不能忽略一些细小的错误，因为一些细小的错误也会影响一个人一生的命运。

第四章

倾听，也是处世的学问

就是有九十九个困难，只要有一个坚强的意志就不困难。

——杨根思

百丈之台，其始则一石耳，由是而二石焉，由是而三石，四石以至于千万石焉。

——毛泽东

历史的道路不是涅瓦大街上的人行道，它完全是在田野中前进的，有时穿过尘埃，有时穿过泥泞，有时横渡沼泽，有时行经丛林。

——车尔尼雪夫斯基

瞧瞧爱迪生是如何做的

在如此嘈杂的精神环境中，如何发现对自己有益的思想，忽略那些有害的思想呢？这就要你学会聆听心灵的声音。

做到倾心聆听并非易事。孩提时代的你可能发现当需要说话时，你必须在一片喧闹声中提高嗓门，才会引起别人的注意；成年以后，你可能将主宰和掌控别人能力的大小作为判定成功的一种标准。若果真如此，想要开发全心全意聆听那内在的自己、神赐之音、无上的智慧，无论你用哪种称呼，就并非易事了。

伟大的发明家托马斯·爱迪生是倾听"内在声音"的天才。当他从事一项发明，努力解决左右其成功的核心原理问题时，就会将所有已知数据存储在意识中，然后静静地躺在实验室的条凳或沙发上等待着"灵光乍现"。

每当这位老人"小憩"的时候，他的助手总会悄悄地离开。而当他最终醒来，往往已经成竹在胸了。虽然有的时候，他需要好几次这样的"小憩"，正确答案才肯光顾，但是答案却总是这样降临的。只要他通过恰当的研究充分刺激了内在的创造性潜能，这种潜能就会自动为他找寻出正确答案。

1931 年 10 月 21 日的报纸上刊载了一则报道，讲述的是爱迪生和他的两个助手弗雷德·奥特、查尔斯·达利如何通过长达 50 年的艰辛研究最终发现了制造合成橡胶的秘密。

这篇报道写道："星期一，他（爱迪生先生）开始坠入无意识的状态。（他正在给潜意识创造说话的机会。）然而达利和奥特还在专注于各自的实验。然后到了星期二的晚上，解决方案从一片神秘的虚无中闪现了出来。

（神秘的虚无是指称爱迪生或是他助手的内在意识的很好的说法。）"

这个答案就像从天而降一般，绝非出自任何理性的思考。"瞧瞧，答案就在这儿！"潜意识敲了敲他的脑门，对他说道。通过对他脑海中存储的所有实验数据进行过滤和提炼，它瞬间就展示给他如何制造合成橡胶这一难题的解决方案！

当那微小的心声建议你去提出要求，请不要畏畏缩缩，没什么好怕的。若别人不知道你的想法，又怎么能帮你呢？所以你必须大胆请求。或者当你感觉需要为某事请求某人时，请别犹豫，放手去干吧！

有个人从英国给我来信说："我曾间接被某人利用去做我毫不相信的事情，为此我感到很不高兴，但又不愿意得罪那人（你看，害怕让我畏缩不前）。有一次，我在院子里一边除草一遍考虑当下的处境，突然之间，某个东西似乎蹦了出来——一个内在的声音在命令我，让我不再害怕。于是我丢下锄头，径直走到那人家中，将我的想法告诉了他，最终使自己免遭'迫害'。告诉你，从那以后，我感到自己就像换了个人似的！"

当你认定了自己的目标并为之全力以赴时，你内在的声音就会不断地给你指引。然而，若你犹豫、不安、烦乱、焦虑、怀疑、胆怯，就无法聆听内在的声音，这些干扰已经将它从你的心灵中赶了出去。

学会聆听自己的心声

当内在的声音真正响起，就表明你该做好行动的准备了。请像这位英国人一样扔掉锄头，或任何手边的活儿，去做你内心驱动的事情。然而在这之前，你得确信自己已经学会分辨什么是"内在的声音"（来自潜意识的信息），你得确定向你低语的并不是自己的愿望、想象或恐惧之类的情绪。

贞德只是一位普通的法国农民的女儿，然而由于她听从了内在声音的指引，最终激励法国人将英国军队赶出了奥尔良，并使查尔斯成为兰斯的国王。

在那些关乎国运的内战岁月里，在那些稍纵即逝的夜晚，亚伯拉罕·林肯静静地聆听"内心的声音"，他得到的信息变成了许多英明的决策，把美利坚合众国从分崩离析的边缘拯救了回来。

马克·吐温笔下的人物也曾对他诉说。他清晰地听到他们在自己的脑海中交谈，于是便将这谈话如实记录了下来。马克·吐温极其信赖自己的潜意识，他相信直觉，总聆听那"内在的声音"。

为了听到来潜意识的信息，你必须让自己的意识变成乐于接受的状态。当然，如我们所知，理性分析、衡量利弊、数学计算是只有意识才能完成的任务，潜意识不可能做到，它能做的只是将信息传达给意识罢了。

你可能听过这样一句话："遵从你的直觉。"那么直觉究竟是什么？它又从何而来？答案是它来自潜意识的运转。心理学家告诉我们要想使大脑处于乐于接受的状态，你就必须全然放松。若你有过躺在按摩床上，在按摩师的指引下慢慢放松自己的体验，你就能领悟我的意思了。

请让身体变得柔软。若你刚开始感到困难，请先试着放松你某一侧的手臂，然后是双臂，接着是双腿，直至全身都变得柔软而放松。随着这一过程的进行,头脑也会自动放松下来。完成这一切之后,请你专注于自己的愿望,这时直觉就会到来。

请将它们牢牢把握,并遵从那微小声音的指引将其付诸实践,切莫分析,切莫辩解,而应将你所接收到的任务当即完成。

当你试图专注于潜意识、聆听内心的声音时,你就会理解心理学家、玄学家和这些专业的学生们所说的停止、放松——什么都别想的用意何在了。当你一点点进步,你将能逐渐体会到当东方的先知说出如下话语时,他的大脑处于怎么的状态了:"请放松身心、冥想、进入大沉寂。继续冥想,你的烦恼将会化为无形。"

遵从内在声音的引导

当直觉轻扣意识的门环,你就须认真聆听它的教诲,而且每次都应该如此。切莫对"内在的声音"充耳不闻,你的潜意识能够敏锐地觉察到意识注意不到的状况和情形。

你一定听人这样说过:"某个声音曾经提醒过我应该防着那个人,本应该做这件事情,或本不应该做那件事……但我没有在意,等我意识到已经太迟了。我真希望当时遵从了这些直觉的指引。"

它一直就在那儿。若能得到你的应允,"那个声音"会努力为你提供多方面的服务。一位想找合适对象再婚的寡妇急于离开纽约前往加利福尼亚买房。于是她去拜访了一位居住在长滩的朋友,让她带着她查看待售房源。她对一套房子非常中意。这套房子的主人,一位妻子离世的男人,也爱上了她。最终,她没有买房子,而是嫁给了他,而这样她也拥有了这座房子。而且,他们是我迄今所知的最为幸福的夫妇之一。在这个案例中,"内心的声音"引领她到三千英里外找到圆满的解答。

但是,除非你像这位妇女一样得到内心清晰的指引,否则就不要抱着寻找爱情的态度进行长途旅行。你的爱情也许就在转角,在你等巴士、逛商店、看牙医、逛公园、徜徉图书馆或参加社交活动时就能遇到。但是,若你设想遇到自己的意中人,这种感觉又如此的强烈持久,你就会产生一种内心的冲动,这种冲动促使你出现在合适的时间、合适的地点,让两个人走到一起。

偶尔,我会遇到这样的人,他们不无严肃地告诉我他们"听到了声音"。这种声音不同于"指引的声音",往往是由某种情绪不稳或神经混乱引发的幻觉的信号。这种状态可不是我们想要的,一定要及时克服。

对于那些听到声音的人来说，这种声音是如此真切，以至于他们坚信他们要么是迷上了某个模糊的实体，要么是现实生活中的某个人对他们有意思。当这种情形出现时，他们往往会被吓到。

有一次，我正坐在电台播音员约翰·尼布莱特位于芝加哥的办公室里，这时一位年轻漂亮的女士突如其来地闯了进来，对约翰说："好了，我在这里了。你不停地叫我，现在我来了，说你究竟想干什么吧。"

尼布莱特先生吃惊地盯着这位年轻的女士，然后觉得这可能是个笑话，于是就大笑起来。

"一点也不可笑，"这位女士极其愤怒，"我晚上无法入睡……你一直在对我喋喋不休，我总能听到你的声音。请闭嘴吧，你快把我弄疯了！"

尼布莱特立即明白了这是怎么回事，于是转而向我求助。

"这位先生是心理学家，"他向那位女士介绍我，"我从来没呼唤过你或对你喋喋不休过，我之前从未见过你。我确定这些都只存在于你自己的头脑中，他可以解释给你听。"

瞧，说得多轻巧啊，我这就被派了个活儿！很明显的，这位年轻妇女是情绪失衡，而且由于经常收听这位电台播音员的节目从而产生了一种胶着状态。他声音中的某些特质吸引着她，使她情绪激动，从而不由自主地陷入了想象中，因此就像她讲述的那样，大脑里总回响着他的声音。

"要是我一直在想他，我倒不如跟他在一起算了。"她依然坚持说，"他在撒谎，他确实想占有我，用传心术来诱惑我，而根本不需要见过我的面。他的意念那么强大，能到达我的心里，并使我按照他所希望的去做。"

我花了好几个小时让这位女士相信她认为自己听到的声音其实是自己情绪紊乱的产物。在这几小时里，她一直斥责这位播音员对他有不良企图，并请求他放过自己。

在我的解释下，她终于有所好转，离开了办公室。离开时，她感到十分尴尬，为她所造成的麻烦表示歉意，并感谢我让她从妄想症中解脱出来。而这时，反倒我的播音员朋友快要精神崩溃了。

"若再发生一次这样的事情，我就放弃广播！"他发誓道。

　　我之所以讲述这个例子是为了清楚地表明"内心的声音"与上述的声音没有任何联系。实际上，从字面意思来讲，它并不能被称作一种声音，而是一种智慧、一种急智、知识，或是直觉的闪电，是你与潜意识沟通的桥梁。当你面临问题或复杂的境况时，它会催促你，会确信无疑地告诉你该怎样做、该怎样说、该朝哪个方向前进。通过简单的训练和练习，你就可以把直觉、"内在的声音"与自己的主观想象、一厢情愿区别开来。虽然两者的异处难以言明，但是你可以体会出来。你将不会再被错误的印象牵着鼻子走，当真正的你，在你的内心深处，在那创造性的核心对你诉说时，你就会深深地感受到。然后，你就会勇敢地面对所有的人生境遇，就像它们注定会发生一样。你对自己说："我之所以这样做，是由于受到内在声音的指引。"

　　请记住，似者相吸！那个你渴望遇到的人也同样渴望遇到你。由于潜意识不会有时间和空间上的局限性，你们迟早都会遇见对方，到那时，"内在的声音"会分别告诉两个人："对方就是你苦苦找寻的另一半"。

倾听比倾诉更令人倾心

倾听是我们对别人的最好恭维。很少有人能拒绝接受专心倾听所包含的赞许。因此，如果你希望成为一个被人喜欢的人，那就先做一个注意倾听的人吧。倾听的人总是善于把自己摆在一个次要的位置上，使倾诉者无形中成为交流的主角。而能够经常让别人成为主角，正是低调做人的另一种表现形式，也是让别人倾心于自己的绝妙法宝。

最成功的商业会谈其秘诀是什么？著名学者依里亚说："关于成功的商业交往，并没有什么秘密——专心地倾听那个对你讲话的人最为重要，没有别的东西会使他如此开心。照此下去，合作成功是自然的了，也再没有比这更有效的了。"

其中的道理很明显，你无须在哈佛读上四年书才觉察到这一点。不过，我们也经常看到这样的现象：有不少精明的商人会租赁昂贵的地盘，把店面装潢得漂亮、精致，购进不少的精美货物，还花了价格不菲的广告费，可是却雇用了一些不懂得倾听顾客说话的店员——他们急急地打断顾客挑剔商品瑕疵的话头，与他们辩论，让人家难堪，甚至把顾客气得一走了之。

实际上，即使那些喜欢挑剔别人毛病的人，甚至一位正处于盛怒的批评者，也常会在一个富有包容心与忍耐力且十分友善的倾听者面前软化、妥协，即便面对那气愤的找事者，也一定要沉着，低调，克制自己。

有这样一个事例：一天早晨，有一位怒气冲冲的老顾客闯入德迪茂毛呢公司创办人德迪茂的办公室内。德迪茂先生说："这位顾客欠我们15美元，却不承认这件事。他接到我们的财务部坚持要他付款的信以后，收拾行装来到芝加哥，冲进我的办公室，告诉我说，他不但不付那笔账，并且永远不再准备买德迪茂公司的东西。"

德迪茂耐着性子听他说话，几次想要打断他，但德迪茂知道这样做对他没有用处，德迪茂要让他尽量发泄不满。等他冷静下来，可以听进别人说话的时候，德迪茂平静地对他说："谢谢你到芝加哥来告诉我这件事！你帮了我一个大忙！如果是我们财务部惹恼了你，他们也会惹恼别的主顾，那样就太糟了。真要谢谢你告诉我这一切。"

"老顾客似乎有点措手不及，万没料到我会说出这番话。我想他当时肯定有点失望，要知道他到芝加哥来是要向我挑衅的，但我在这里反而感谢他，而不与他争论辩斗。我真心实意地告诉他也许是记错账了，我们打算取消那笔 15 美元的账款并将此事忘掉。我对他说，他是一个很细心的人，又只需照顾自己的一份账目，而我们的员工却要同时料理数千份账目，所以他会比我们记得更准确。我告诉他我十分了解他的感觉，如果我处在他的位置上，我也会有类似的举动。由于他说不想再买我们的东西了，所以我还向他推荐了别的几家公司。"

"在那之前，他来芝加哥时，我们常一同用餐。那天我照旧请他吃饭，他似乎不太好意思地答应了，但当我们回到办公室的时候，他马上订下了很多货物，然后心情舒畅地回去了。为了表示自己的坦诚，他重新检查了他的账单，结果发现有一张放错了地方，接着他便寄给了我们 15 美元的一张支票，还诚恳地道歉了一番。"

可以说，这是一个因重视倾听顾客申诉不满，而最后融洽了彼此间关系的很好的范例。

马克先生被人称做是世上最出色的名人访问者，他说："许多人不能让他人对自己产生好印象，是因为他们不注意听别人讲话，不把别人放在眼里。"

一般人往往非常关心自己随后要讲什么，却不愿意张开自己的耳朵倾听。他们浅薄地认为，倾听别人讲话会显得自己低人一等。几位名人曾经说过，他们喜欢善于倾听者，不喜欢别人打断自己的话头，但善于倾听的能力好像比任何其他好性格都更难得。不仅名人喜欢别人听他倾诉，普通人也是如此，正如《读者文摘》中所说："许多人之所以请医生，他们所要的只不过是一个听众而已。"

美国南北战争最困难的时期,林肯写信邀请在伊里诺斯的一位老朋友到华盛顿来。林肯说,他有些问题要与他讨论。这位老朋友到白宫拜访,林肯同他谈了数小时关于释放黑奴的宣言是否适当的问题。林肯将赞成和反对此事的理由都加以阐述,然后又读了一些谴责他的文章,其中,有的怕他不放黑奴,有的却怕他释放黑奴。谈论了几小时后,林肯与他的老朋友执手道谢,送他回伊里诺斯,整个谈话过程中竟然没有征求老朋友的意见。所有的话都是林肯说的,就好像是为了舒畅他的心境。

"谈话之后他似乎轻松了许多,"这位老朋友说,"林肯没有要求提意见,他要的只是一位友善、同情的倾听者,使他可以发泄苦闷的心情。那是我们在困难中都迫切需要的,那些发怒的顾客、一些不满意的雇员、感情受到伤害的朋友也都是如此。"

为什么善于倾听会产生如此神奇的功效呢?因为,你善于倾听,正是让对方感觉到他的话和意见很占分量。在他们表述意见的时候,就像是在教育你,点拨你,为此他们感到愉悦。因此,他们也会满足和释怀你的愿望及不满,确切地说,善于倾听是倾听者低调处世的一大谋略。

做个聪明的聆听者

在一项关于友情的调查中，得到的结果让调查者都感到十分的意外。调查结果显示，拥有最多朋友的人，是那些善于倾听的听众；而不是能言善辩，引人注目的演说家。其实，这也没有什么不可思议的。我们每个人，其实都渴望表达自己。聪明的聆听者能够让说话者有充分的表达欲望和表达机会，自然就更容易获得别人的好感。

做一名听众，也许是最简单有效的赢得信任的手段了。聆听越多，你就会越聪明，也就会赢得越多人的喜欢和友谊。但是，成为一个出色的听众，并不是只要是长了耳朵那么简单，你还需要了解以下技巧：

用你的眼睛

在聆听的时候，你应当让他知道，他就是这里的全部。用你的眼睛注视对方，即使你心里在想着晚上的约会。

"靠近我"

尽可能地靠近些（当然要注意合适的度，尤其是异性）。距离的缩小让对方感觉你不想漏掉他说的任何一个字。

不要沉默

做听众不应该总是推崇"沉默是金"。面对一言不发的听众,没有任何一个演说者会满怀激情。善于聆听的人,能够让说话的人感觉到他在认真地听。在听的同时提一些问题,会让对方更有兴致说下去。这可是一种极好的奉承。

不要打断

不管是什么原因,如果你不想让对方永远地闭上嘴巴,就不要在中间打断他。让他沿着自己的话题说下去,直到他自己停下来。

你始终要明白,你是个"倾听者",尽量不要使用诸如"我""我的"等等字眼。如果你这么说了,就意味着你不得不放弃聆听的机会,对方会以为你的注意力已经从谈话者那里转移到了你这里,这就表明,你要开始"交谈"了。

第五章
化解仇恨的处世哲学

生活中有许多这样的场合：你打算用忿恨去实现的目标，完全可能由宽恕去实现的目标，完全可能由宽恕去实现。

——西德尼·史密斯

尽量宽恕别人，而决不要原谅自己。得放手时须放手，得饶人处且饶人。人有不及者，不可以己能病之。人们应该彼此容忍：每一个人都有弱点，在他最薄弱的方面，每一个人都能被切割捣碎。宽猛相济能成事。宽而栗，严而温。开诚心，布大度。

——康有为

退一步心界更宽

人生之所以多烦恼，皆因遇事不肯让他人一步，总觉得咽不下这口气。其实，这是很愚蠢的做法。

"善于放弃"是一种境界，是历尽跌宕起伏之后对世俗的一种轻视，是饱经人间沧桑之后对世事的一种感悟，是运筹帷幄、成竹在胸、充满自信的一种流露。人只有在对世事了如指掌之后，才会懂得放弃并善于放弃，只有在懂得并善于放弃之后，才具有大成之思、大家之气。

杨玢是宋朝尚书，年纪大了便退休在家，安度晚年。他家住宅宽敞、舒适，家族人丁兴旺。有一天，他坐在书桌旁，正要拿起《庄子》来读，他的几个侄子跑进来，大声说："不好了，我们家的旧宅被邻居侵占了一大半，不能饶他！"

杨玢听后，问："不要急，慢慢说，邻居侵占了我们家的旧宅地？"

"是的。"侄子回答。

杨玢又问："邻居家的宅子大还是我们家的宅子大？"侄子们不知其意，说："当然是我们家宅子大。"

杨玢又问："邻居占些旧宅地，于我们有何影响？"侄子们说："没有什么大影响，虽无影响，但他们不讲理，就不应该放过他们！"杨玢笑了。

过了一会儿，杨玢指着窗外落叶，问他们："树叶长在树上时，那枝条是属于它的，秋天树叶枯黄了落在地上，这时树叶怎么想？"侄子们不明其意。杨玢干脆说："我这么大岁数，总有一天要死的，你们也有老的一天，也有要死的一天，争那一点点宅地对你有什么用？"侄子们现在明白了杨玢讲的道理，说："我们原本要告他的，状子都写好了。"

侄子呈上状子，他看后，拿起笔在状子上写了四句话："四邻侵我我从伊，毕竟须思未有时。试上含光殿基望，秋风秋草正离离。"

写罢，他再次对侄子们说："我的意思是在私利上要看透一些，遇事都要退一步，不要斤斤计较。"

人的一生，不可能事事如意、样样顺心，生活的路上总有沟沟坎坎。你的奋斗、你的付出，也许没有预期的回报；你的理想、你的目标，也许永远难以实现。如果，抱着一份怀才不遇之心愤愤不平，如果，抱着一腔委屈怨天尤人，难免让自己心态扭曲、心力交瘁。

生活在凡尘俗世，难免与人磕磕碰碰，难免被人误会猜疑。你的一念之差、你的一时之言，也许别人会加以放大和责难，你的认真、你的真诚，也许会遭到别人的误解和中伤。如果，非得以牙还牙拼个你死我活，如果，非得为自己辩驳澄清，必然导致两败俱伤。

适时地咽下一口气，退一步；潇洒地甩甩头发，悠然地轻轻一笑，甩去烦恼，笑去恩怨。你会发现，天依然很蓝，人生依然很美好，生活依然很快乐。

不妨扯下自己的面子给别人

人都爱面子,你给他面子就是给他一份厚礼。你给别人一个面子就相当于承认别人比自己尊贵,比自己占分量,比自己有面子,他领了情,日后也一定会对你做出相应的回报。可以说,这是人际交往中不可或缺的规则。

反过来,无论你采取什么方式指出别人的错误——一个蔑视的眼神,一种不满的腔调,一个不耐烦的手势,都有可能带来极为不利的后果。你以为他会接受你的意见吗?绝对不会。因为你否定了他的建议、主张和判断力,打击了他的荣耀和自尊心,同时还伤害了他的自尊、自信和感情。他非但不会改变自己的看法,还要进行反击,与你一争高下,因为他觉得自己很没有面子。

永远不要说这样的话:"看着吧! 你会知道谁是谁非的。"

这等于说:"我会使你改变看法,我比你更聪明"。这实际上是一种挑战,在你还没有开始证明对方的错误之前,他已经准备迎战了。为什么要给自己增加困难呢? 为什么不肯把自己的面子扯下恭恭敬敬地奉送给对方呢?

古代有位大侠名叫郭解。有一次,洛阳某人因与他人结怨而心烦,多次央求地方上有名望的人士出来调停,对方就是不给面子。后来他找到郭解门下,请他来化解这段恩怨。

郭解接受了这个请求,亲自上门拜访委托人的对手,做了大量的说服工作,好不容易使这人同意了和解。照常理,郭解此时不负人托,完成这一化解恩怨的任务,可以走人了。可郭解还有高人一着的棋,有更巧妙的处理方法。

一切讲清楚后，他对那人说："这个事，听说过去有许多当地有名望的人调解过，但因不能得到双方的共同认可而没能达成协议。这次我很幸运，你也很给我面子，让我了结了这件事。我在感谢你的同时，也为自己担心，我毕竟是外乡人，在本地人出面不能解决问题的情况下，由我这个外地人来完成和解，未免会使本地那些有名望的人感到丢面子。"他进一步说："这件事这么办，请你再帮我一次，从表面上要做到让人以为我出面也解决不了问题。等我明天离开此地，本地几位绅士、侠客还会上门，你把面子给他们，算作他们完成此一美举吧。拜托了。"

郭解把自己的面子扯下来，决意送给其他有名望的人，其心态之高，其心态之平，实在令人感佩。

给人面子应成为自己处身立世的自觉行动，这样才能实现它的真正意义，否则便违背了人情账户的操作规则。

当然，给别人面子一定要自然，不要让对方明白，这是你有意使然，否则便显得你很虚伪，别人对这种面子也不会感兴趣。其中最难的是，起初你还能以理智自持，到后来，或许感情一时冲动，好胜之心勃发，担心自己没有珍惜体现自身价值的机会而不肯让步，也是常有的事。当你有意无意间在语气上、举止上流露出故意让步的意思时，那就白费心机了。

勇于接受批评

比尔·盖茨曾对公司所有员工说:"客户的批评比赚钱更重要。从客户的批评中,我们可以更好地吸取失败的教训,将它转化为成功的动力。"

克林顿在演讲时,有学生问他:"外面有许多抗议你的人,对此你有什么想法?"克林顿回答说:"作为美国总统,无论我走到哪里,都会有反对我的人。我把反对我的人当作我的好朋友。当他们反对我的时候,其实是在批评我,而敢于批评我的人都是我的好朋友。"

"当局者迷,旁观者清"。当我们自己尚在对一个错误浑然不知或不知所措时,旁观者也许早已看出了问题的症结所在。基于这样的认识,我们大家没有任何理由拒绝别人的批评和建议。

那么怎样面对批评呢?

第一,让对方坐下来慢慢讲,给他沏杯茶或递一支烟,都有助于缓和紧张空气。

第二,要有耐心,别表现出强烈的厌烦,更不要拒绝批评而愤然离去,这会显得你没有度量。

第三,听别人把话讲完,无论如何别打断对方的讲话,相反要鼓励对方把话说完,这可以更有效地使对方变得平静,而你也可以心平气和。

第四,不要跟一个感情冲动的批评者争论,不要去指责对方言语中的失误和失实。因为有时对方前来只不过是要发泄一下不满情绪——他想提出的要求分明无法做到,此时你若与之相争,则会使问题变得更糟。

第五,不要在未听完对方的指责之前就表态,但遇到那种冲动型的人,多道歉反而会让对方平静下来。

第六,换一句话把对方的意见说出来,表示你不仅认真听了他的指责,而且态度诚恳。如此,则不论你是否准备接受对方的批评,都将使他感到满意。

　　如果朋友一时冲动,在公开场合批评你,那么你不妨诚恳地请求对方换个地方交谈,告诉他:"我们找个地方坐下谈好吗?"只要你们是好友,朋友会顾及你的尊严,不致拒绝。这样,你一来避开窘境,二来也委婉地批评了对方不分场合的做法。

　　批评是一种不满情绪的宣泄,对这种情绪,永远宜疏导而不宜堵截,否则很可能使一方或双方的火气或不满越憋越足,不免爆发一场争吵。而争吵除了使双方从此结怨以外,再不会有任何有益的作用。

关于反省的经验之谈

一个人是否具有反省能力对其为人很重要。反省可以改变一个人的命运和机缘。它在任何人身上，都会发生大效用。因为反省所带来的不只是智慧，更是精进态度和前所未有的干劲。

以下是关于反省的经验之谈：

（1）一个真正英勇果敢的人，绝不会用拳头制止别人发言。

（2）脾气暴躁，火气大，容易引起愤怒与烦扰。这种恶习能导致不正当的事情——一时冲动而没有理性的言行发生。

（3）不伤害人，把他人所应得的给予他人，应当避免虚伪与欺骗，显出诚恳悦人的态度，学习品行正直。

（4）讲话气势汹汹，未必就是言之有理。

（5）尽量避免用言语去伤害别人，但是，当别人以言语来伤害自己的时候，也应该受得起。

（6）脾气暴躁是较为卑劣的天性之一。人要是发脾气，就等于在进步的阶梯上倒退了一步。

（7）即使你独处时，也不要随便说坏话或做坏事，相反，要显出热诚有礼的样子。

做人，与其低着头埋怨错误，不如昂起头纠正错误；与其在反省中衰颓，不如在反省中奋起。反省之后，心灵得到净化，人性真正流露，这时不论你做什么，都会有前所未有的热情。

要避免树敌，你首先得养成这么一个习惯，那就是绝不要去指责别人。指责是对别人自尊心的一种伤害，它只能促使对方起来维护他的荣誉，为自己辩解，即使当时不能，他也会记下你这一箭之仇，日后寻机报复。

人的本性就是这样，无论他多么不对，他都宁愿自责而不希望别人去指责他。在你想要指责别人的时候，你得记住，指责就像放出的信鸽一样，它总要飞回来的。要记住，指责不仅会使你得罪了对方，而且他也必须要在一定的时候来指责你。即使是对下属的失职，指责也是徒劳无益的。如果你只是想要发泄自己的不满，那么你得想想，这种不满不仅不会为对方所接受，而且就此树了一个敌；如果你是为了纠正对方的错误，那为什么不去诚恳地帮助他分析原因呢？

许多成功者的秘密，就只在于他们从不轻易指责别人，从不说别人的坏话，以显得自己高明。面对可以指责的事情，你完全可以这样说："发生这种情况真遗憾，不过你肯定不是故意这么做的，是吗？为了防止今后再有此类事情发生，我们可以分析一下原因……"这种真心诚意的帮助，远比直截了当地指责作用明显而有效。

其次，对于他人明显的谬误，你最好不要直接纠正，否则会好像故意要显得你高明，因而又伤了别人的自尊心。在生活中一定得牢记，凡是非原则之争，要多给对方以取胜的机会，这样不仅可以避免树敌，而且也许已使对方的某种"报复"得到了满足，可以"以爱消恨"。口头上的牺牲有什么要紧，何必为此结怨伤人？对于原则性的错误，你也得尽量含蓄地进行示意。既然你是为了让对方接受你的意见，何必让伤人的举动来"逞能"？

微笑、眼色、语调、手势都能表达你的意见，唯独不要直接说"你说得不对""其实是这样的"等等，因为这等于在告诉并要求对方承认："我比你高明，我一说你就能改变你自己的观点"，而这实际上是一种挑衅。

记住：商量的口吻、请教的诚意、幽默的话语、会意的眼神，定会使对方心服口服地改变自己的失误；与此同时，你也不会树敌。

要知道，只有很少一部分人的思想是符合逻辑的，大多数人生来就具有偏见、嫉妒、贪婪和高傲等，人们一般都不愿改变自己的意见。他们若有错误，往往情愿自己改变。别人只有非常策略地加以指出，他们才可能会欣然接受，并为自己的坦率和求实精神而自豪——关键的问题是，你得让他们有这种感受和体验。

假如由于你的过失而伤害了别人，你得及时向人道歉，这样的举动可以化敌为友，彻底消除对方的敌意。说不定你们今后会相处得更好。"不打不相识"这一民谚富含了这一哲理，既然得罪了别人，当时你自己一定得到了某种"发泄"，与其待别人的"回泄"自来，不知何时飞出一支暗箭，远不如主动上前致意，以便尽释前嫌。廉颇与蔺相如将相和的历史剧一直在演。廉颇自恃积功过人，多次故意侮辱后来居上的蔺相如，而后者见状忍让，不与为敌，不愿去争，直至后来廉颇负荆请罪，演绎流传千古的"将相和"佳话。

为了避免树敌，还有一点需要注意，这就是与人争吵时不要非争上风不可。实际上，争吵中往往没有真正的胜利者。即使你口头胜利，但与此同时，你又树了一个对你心怀怨恨的敌人。争吵总有一定原因，总为一定的目的。如果你真想使问题得到解决，就绝不要采用争吵的方式。争吵除了会使人结怨树敌，在公众前破坏自己温文尔雅的形象外，没有丝毫的作用。如果只是日常生活中观点不同而引致的争论，就更应避免争个高低。如果你一面公开提出自己的主张，一面又对所有不同的意见进行抨击，那可是太不明智了。如果你经常如此，那么你的意见再也不会引起别人的注意。你不在场时别人会比你在场时更高兴。你知道得这么多，谁也不能反驳你，人们也就不再驳你，从此再也没有人跟你辩论，而你所懂得的东西也就不过如此，再难从与人交往中得到丝毫的补充。因为辩论而伤害别人的自尊心、结怨于人，既不利己，也不利人，实在是不足取的。

魔力悄悄话

处世待人中，"多个朋友多条道，多个敌人多堵墙"，这个道理是无所不在的。树敌过多，不仅会使人迈不开步，即使是正常的工作，也会遇到种种不应有的麻烦。

给对方留下台阶或退路

不管是娱乐活动，还是争辩、竞争，大家都希望自己能成为胜利者，即便不能取得胜利，至少，也能保住自己的尊严和面子，而不至于败得太惨，难以收场。

人生经验丰富的人，在自己实力雄厚、有绝对把握取胜的情况下，往往会让对方也赢上一两局，这样自己取得了总体上的胜利，对方失败了却也不失面子，正可谓双赢局面，大家和气收场。正如俗语所云："今日留一线，日后好相见。"这样一来，对方也会心存感激，日后双方关系更进一层，有什么事情互相照应也是常事。

其实，作为人际交往活动，主要目的还是交流感情，增进友谊。即便是利益性的竞争，我们就是执着于胜利，也最好考虑到如何"双赢"，自己获取了较大的利益，也要让对方分一杯羹，大家都在同一方土地同一"场"上，日后见面、做事的时候多着呢。

那么，怎样才能让对方不失面子，出现双赢的局面呢？为对方提供一个"台阶"是一个比较好的办法。当然，这其中也要用些心思，做得巧妙，以免好心办坏事，弄得对方更为尴尬。

一个适时而又恰当的"台阶"，能够让对方失败而又不失尊严和面子，或者有了失误而能让对方挽回面子。

韩琦曾经同范仲淹一道共行新政，北宋时长期担任宰相职务。他在定武统帅部队时，夜间伏案办公，一名侍卫拿着蜡烛为他照明。那个侍卫不小心一时走神儿，蜡烛烧了韩琦鬓角的头发，韩琦忍着疼，但没说什么，只是忙用袖子蹭了蹭，又低头写字。过了一会儿一回头，发现拿蜡烛的侍卫换人了，韩琦怕主管侍卫的长官鞭打那个侍卫，就赶快把他们召来，当着他们的面说："不要替换他，因为他已经懂得怎样拿蜡烛了。"

军中的将士们知道此事后，无不感动佩服。

按理说，侍卫拿蜡烛照明时不全神贯注，把统帅的头发烧了，本身就是失职，韩琦责备一句也是应该的，即使不责备，挨烧时"哎呀"一声也难免。可他不但没吱声，发现侍卫换人了还怕侍卫受到鞭打责罚，极力替其开脱。

韩琦提供的"台阶"减轻了身边众人，尤其是那位士兵的压力，这比批评和责罚更能让士兵们改正缺点，尽职尽责，并且打心眼里感激他、爱戴他，心甘情愿为他效力。

从韩琦的另一件事上同样可见其大度智慧。

韩琦镇守大名府时，有人献给他两只出土的玉杯，这两只玉杯表里毫无瑕疵，是稀世珍宝。韩琦非常珍爱，送给献宝人许多银子。每次大宴宾客时，总要专设一桌，铺上锦缎，将那两只玉杯放在上面使用。有一次在劝酒时，玉杯被一个官员不小心碰到地上摔个粉碎。

在座的官员惊呆了，碰坏玉杯的官员也吓傻了，趴在地上请求治罪。韩琦却笑着对宾客说："大凡宝物，是成是毁，都有一定的定数的，该有时它就出来了，该坏时谁也保不住。"说完又转过脸请起趴在地上的官员，对他说："你偶然失手，并非故意的，有什么罪过呢？"

再珍贵、再喜欢的玉杯，也不及一个人的力量。玉杯既已打碎，无论怎样也不能复原，若因此而责骂一顿肇事者吧，陡然多了一个仇人，众位宾客也会十分尴尬，好端端一场聚会便不欢而散，也会大大损害自己的形象。而他"宝物自有其定数"之言一出，即给对方留下了一个最好的台阶。这样做既显示了韩琦的宽容大度，博得众人的赞叹，又使肇事者对他更感激涕零。

韩琦在带兵抵御西夏时，曾有"军中有一韩，敌人听了就胆寒"的威名。元代吴亮曾如此评价："功劳天下无人能比，官位升到臣子的顶端，但不见他沾沾自喜；所担任的责任重大，经常在宦海的不测之祸中周旋，也不见他忧心忡忡。"韩琦的一生，能取得如此巨大的功劳和成就，与他在做人做事上，善于替对方考虑，为对方留下"台阶"或退路的成熟练达，有着密切关系。

如果说人际交往上为对方留下"台阶",而赢得对方的好感和感激,不至于让其怀恨在心的话,那么在竞争场合给对手留下退路,就显得更为重要了。

"士可杀不可辱"。人的自尊是十分强烈的。一个人伤了自尊和面子,受了耻辱之后,往往会奋起反抗。因此,可以这样说,把他人推下"地狱"者,自己也难以上"天堂"。

人生和事业上的竞争对手,是一个人取得巨大进步的必不可少的强大力量。对手会给我们带来挑战,数不尽的挑战,也许你会厌恶这些挑战;但正是这些挑战,才促使我们变得强大,事业才会变得辉煌。

关于竞争敌手,一位成功大师曾这样说过:"他们能使我随时警惕性格中的弱点,因为一旦出现漏洞,他们便会趁机破坏。由于我发现了敌人对我的价值,如果我没有敌人的话,我觉得有责任制造出一些敌人。他们将会发现我的缺点,向我指出这些缺点,而我的朋友,即使发现了我的缺点,也不会把这些缺点告诉我。"还有一位伟人更是出语惊人:"你百分之九十的成就是你的敌人促成的。"

大师毕竟是大师,伟人也到底是伟人,他们的人生境界与我们凡人自是不同。但竞争对手对我们的挑战,给我们的压力,确是我们的潜能得以激发、我们的生命变得强大、事业得以圆满辉煌的一份必不可少的力量。

一个真正相配的对手,是一种非常难得的资源,从某种意义上说,它与自己相辅相成,斗争最激烈的时候,也就是双方最辉煌的时候;一旦一方消亡了,另一方也会走向衰退,除非他能脱胎换骨,或者找到新的对手。

若是没有对手,没有挑战,人生就会变得平淡无奇,成功也不会显得光彩辉煌。就像草原上没了狼,羊群就会变得萎靡、变得更为软弱无力。

仔细想想,在自己的人生和事业当中,有多少朋友,能像我们的竞争对手那样,替我们提供资源和力量?从这一点来看,我们应该像感谢朋友一样感谢自己的竞争对手,像珍惜朋友一样珍惜自己的对手。

商场的竞争是多元化的。市场竞争的要义,只是争夺消费者。谁能够拥有更多的、热心的、忠诚的消费者,谁才能够立于不败之地。市场竞争并不是非得你死我活。对手失败了,不见得你就成功;对手成功了,不一定你就失败。有时候，甚至可以说竞争双方是可以互利的，这就是所谓的双赢、共赢。

因此，在某种意义上，永远不要试着去消灭你的对手，有时候更要乐于看到对手的强盛。对一个产业和企业家而言，最具危机的，不是看到对手的日益强盛，而是目睹对手的衰落——在很大程度上，这预示着一个产业正走向夕阳或市场竞争方式的老化。

在这种环境下，竞争对手之间可以拼个十二分激烈，却不能拼个你死我活。不管这一次胜负如何，以后还是会有多次的竞争出现这一次。你若给竞争对手留了退路，放他一马，他自会心存感激，希望能有机会给予回报；再相遇时，若是自己失手或败退的时候，他自然也会放你一马，留条退路，或搭个援手，以报你前回的恩德。与其每一次大家都作冤家仇人，不如大家宽容大度，为对手留条退路，以减少损失，共同开拓更大的市场。

那种对竞争对手动辄咬牙切齿，不惜背后使绊的人，不可能有什么大出息。你背后给人使绊，人家也会背后给你使绊，甚至公开与你为敌；你搞阴谋诡计，让人家栽倒，人家爬起来后，东山再起，自然也会伺机报复，以其人之道，还治其人之身，说不定什么时候你也会栽倒在人家的手上。要知道，智者千虑，必有一失，谁又能事事防备严密，没个失手败退的时候？

你怎样对待别人，别人就会怎样对待你。这一条人际交往上的黄金定律，在任何场合同样适用。宽容别人，别人就会宽容你；给对方留下台阶，对方便会给你留下台阶，甚至搭桥铺路；给竞争对手留条退路，对手也会给你留条退路。因此，宽容别人就是宽容自己，给别人留下台阶或退路，也就是为自己预留台阶或退路。

第六章
勇者无敌的处世捷径

我们应当努力奋斗，有所作为。这样，我们就可以说，我们没有虚度年华。

——拿破仑一世

只有勤勉、毅力才会使我们成功。

——史密斯

如果我们能够为我们所承认的伟大目标去奋斗，而不是一个狂热的、自私的肉体在不断地抱怨为什么这个世界不使自己愉快的话，那么这才是一种真正的乐趣。

——萧伯纳

决定然后行动

人一旦下定决心去做一件事情,就能争取成功。然而,对于绝大多数人来说,麻烦在于他们在陷入困境时或者有意规避问题,或者踌躇不定,或者原路折回,或者绕道而行,而很少坚定信念去做想做的事情,或是下定决心去走想走的路。

如果人们能克服恐惧、铲平疑虑、抛开那些假设、条件和借口,所有心愿都能够变为现实。

大多数人自认为他们知道自己想要什么,可是实事求是地讲,他们对此并不清楚。这听起来似乎自相矛盾。然而,若是人们都知道自己想要什么,意志坚定、精力充沛、行动力强、奋力拼搏,就都能够实现目标。

想想你对自己说过多少次"我是否应该……?"因优柔寡断而停滞不前的人远比因其他原因而无法进步的人多得多。

除非内在的创造性潜能被你的决定所磁化,否则它不可能为你吸引来任何东西。一块磁铁不可能在两个方向上同时产生吸引力,而必须把磁力集中在某个确定的物体上,通过将磁铁置于铁屑堆上的实验可以证明这一点。当磁铁被置于任一特定位置,铁屑会立刻被吸引上来,若移动磁铁的方位,其磁力会随着距离和方向的变化而逐渐减小。

当你在思想上和情感上背离真正的自己,你会感到困惑、陷入僵持,甚至会破坏自己用以吸引的磁力。

若你的身心处于悬而未决的状态,就只能吸引来悬而未决的情形,除此之外,它发挥不了任何效力。

在这个世界上,成千上万的人都在为自己不能下定决心而悔恨,因为优柔寡断而失去了希望、壮志、自信、能动性和成就。

只要还没有下定决心,你就会显得相当无助,你无法充满信心地朝某个方向前进,你的内心深处极度缺乏安全感。

一个女人曾对我说过:"我的思想就像没整理的床铺一样一团乱麻,我很害怕去整理它,我甚至不敢去触碰它,因为我害怕它会更加凌乱不堪。我想我还是让它保持原样好了。"

你是否也希望自己停留在原地?若你真希望这样,只要别拿主意就行了!只要你不转变思路,将来的某一天,你会发现自己仍旧在原地徘徊;若非如此,那你就是降到了一个更低的位置。因为人生中没什么是一成不变的,所有的事物都在不停地移动,要么向上,要么向下。就像金属,若缺少了经常性的打磨养护,就会变得锈迹斑斑,并最终在自然之力的作用下分解破碎,归于泥土。

人生就像一场大检阅,而你不能掉队。无论年纪几何,你都必须为了自己不断前行。大自然憎恶那些将自身才能白白浪费掉的生命体,秃鹰时刻等待着吞食那些放弃拼搏的肉体。这说法听起来让你不寒而栗吗?其实并不是非得这样,但你必须自己做出改变。其实,每个人都被自然赋予一件东西,这件东西在每一件事情上、人生的每一个阶段中,甚至包括死亡在内,都对你照顾有加。

在你的体内,数以百万计的细胞在不停地进行着新陈代谢,只是你感觉不到罢了。

若你发现自己不能按照原有的方式做决定,很可能是因为你正在和旧观念、旧思维模式、老习惯和欲望进行一场角力。尽管内在的声音不停地警告你:将它们抛开,摆脱固有的模式,做你本该做的事情,你却依然不能将其摆脱。

"你生平可曾遇见红海似的绝境?
在那儿,不论你有多少本领,
无法后退,也无法前进,
除了冲过去,没有别的路径。"

——安妮·约翰逊·弗林特

如果这是你目前精神状况的写照,那么恭喜你! 如果你背靠着墙壁畏缩不前,如果你困溺于优柔寡断,如果你被自己自觉不自觉臆想出的各种情形拖住了脚步,只要你还能向前迈步,那么"除了冲过去,没有别的路径"。

因此请直面现实,重新确立人生的方向,整合分散的力量,坚定自己的信念,大步前进!

生活中有许多人,表面看起来,他们似乎已经达到了自己忍耐力的极限,然而,在关键时刻,一旦他们做出了积极的决策,一旦他们自我暗示说"我将会面对它,我将会把这件事情解决掉",就会发现自己又燃起了一股新的力量。

让内在的创造性潜能被正确的思想和决定磁化,并赋予你冲出困境的智慧和力量。而这一过程无论在何时发生都不算太晚。

"在关键的时刻,上苍指引了我。"这一说法已经被成千上万的人所证实。他们的意思是说经过多次失败的尝试之后,他们被指引去求助于神赐的内在资源,而且,这些可能一直在为他们所用的内在力量回应了他们的感召!

若你认为只需要好好利用自己的意识就能成功,那你就错了。自大狂总喜欢假装什么事情都是他利用自己的意志力和体力做成的。他拍着自己的胸膛吹嘘道:"看看我吧,一个自我成就的人!"

然而,需要说明的是,骄傲自大的人若在生活或事业上遭遇挫折,你就会看到他们的自我像皮球一样泄了气:走路时低压着帽子,下巴几乎贴在衣领上,眼睛直盯着地面,嘴里还喃喃自语道:"真想不通这种事怎么能发生在我身上。"

当然,通过自身"物理驱动",你也能有所得,你可以纵容自己无视道德的管束,恶意操纵他人,设计阴谋诡计,用尽心机攻击别人的弱点,不择手段达到自己的目的。然而,通过强力得来之物最终也会因强力而丧失,因为强力不能长久。

总有一天,你会遇到某个人用同样的恶毒的策略,将你狠狠踢到路边。那时,你便失败了,因为若你曾使用了自己体内真正的力量的话,你其实错用了这种力量。你可能会生平第一次感到害怕，你不再相信自己所谓的成功之道，也不再相信周围人和上帝。在这个世界里，你是芸芸众生中最弱小的生命。最糟糕的是，你甚至对自己和这个世界的信心被彻底击碎，不知道何去何从。

　　随着阅历的增长，你会不断地去掉旧观念，代之以新观念。若非如此，那些不合时宜的旧观念就会堵塞你的思想、拖慢你的思维、锈蚀你的大脑、妨碍你的进步，最终使你停滞不前。

不要总是抱怨命运

这种情形下的你只有两种选择,力争上游或者随波逐流。你可以喝得酩酊大醉,让自己彻底崩溃,然后虚度余生。接下来的岁月里,你每天无所事事,只是总喃喃自语道:"若我做了不同的人生选择,将会怎样? 只是现在一切都太迟了。"

但是,若你属于能够及时开窍的那一小群人,你就会发现什么时候走上正轨都不算太晚,你就会发现你曾拒绝了生命中最为强大的力量,内在的创造性潜能。它其实时刻准备着,并心甘情愿为你所用。

于是,你的内心逐渐被一种强烈的谦逊感所笼罩,你彻底丢掉了那错误的自大观念和自我重要性意识。一旦心态沉淀了下来,你就会看到人生的根基,你可以重拾人生,你还能有所作为。这些作为可能看起来不那么光鲜夺目,却更值得你为之努力,并带给你更多的健康、愉悦和自我满足,它也因此而好过之前的人生经历。现在,你最终可以决定对你而言什么才是最好的。除非是你先下手,否则你不必担心会有人加害于你。你会由衷地相信:只要自己坚持使用内在的创造性潜能,并用正确的思维影像对之加以引导,它就能够并且总会提供给你需要的任何东西。不仅如此,你还会意识到,与不久前你还认为自己必须拥有的东西相比,你已错失掉许多人生中更有价值的东西。

严格意义上来讲,也许你并不属于刚才描绘的那一类型。然而广义上来讲,所有人都属此类。这是人在犯错误,是使纵容欲望主宰我们的人生,使我们逐渐远离人生。

那些历经风雨,而今变得更加明智的人在重新找到身心的平衡,回归理智、幸福和健康的生活后,无不感慨道:"现在的我更加清醒,但无论如何,我曾经那样做过。"

　　如果你也想重新规划自己的人生,现在正是时候,别再费力找寻其他的时机。若你现在不做出改变,就永远也不会改变。现在是做出决断的时候了!

　　你"无法后退,也无法前进,除了冲过去,没有别的路径"!请冲出迟疑,纵身跃人生活的海洋,直面未知的一切,勇敢游完全程。你越是拖延,情形就越发艰难。

决定是有磁性的

决定能在你的头脑中立刻展开吸引行动，它能重新归置你生活中的"铁屑"，黏合碎片，使之形成新的构造；它还能自动加固薄弱环节，赋予你更多的活力和更强的意志，好让你根据"内在声音"的指示去行动。无论需要做的事情在当下看起来多么困难重重，只要你认真遵循内心真正自我的指令，听从它的督促，就能在成功之路上不断前进。

请为你从前所做的错事请求宽恕，清除所有过往的仇视怨恨，将你的意识从过去的恐惧和压抑中释放出来。只有如此，你的思维才能成为正面想法的通道，帮你吸引来连连好事。

永远远离优柔寡断，切莫像大卫·哈卢姆那样："是的，呃……不是……呃，也许吧……呃，也许不……"

这种思维会令你故步自封。试想一下，谁愿意让自己的人生因优柔寡断而变得如此悲惨呢？

决策需要勇气和信念。然而，那些敢于在当下最合宜的决策和直觉的基础上毫不犹豫做出行动的人，才是幸福的、身心和谐的人。

约瑟夫·艾迪生相信这样的一句话："那些瞻前顾后的女人是失败的。"

此时此刻，我想起了一个女人，她同时爱上两个男人，这两个男人也都愿意娶她为妻。她在他们之间摇摆不定，一年多都没有做出选择。终于有一天，她作出了艰难的抉择。可是婚礼那天，她却对母亲吐露说她担心自己作出的选择是错误的。带着这种不确定，她走进了婚姻，却总是在设想如果选择了另一个人，她是否会更加幸福。这种"是否会更幸福"的思维状态使她的情绪受到了干扰，夫妻生活也受到影响。她变得性冷淡，总为自己的决定而担忧,也害怕向伴侣吐露心声。然而有天晚上,她的丈夫终于被彻底激怒了,向她咆哮道:"我真希望你嫁的人是那该死的比尔!"她也十分冲动,脱口而出:"我也正希望如此!"

这次争吵使这个问题浮出水面,并让她真正面对自己。这时她认识到她一直在为自己创造一种假设,优柔寡断使她分裂了自己的情绪和感受。如若她和现任丈夫之间出现了任何小小的问题,她就会想象若自己选择了另一个人,将会有多么完美和幸福的生活。她通过这种想象来抚慰自己受伤的心灵。

"现在我确定我是真的爱你,"她对丈夫说道,"内在的声音曾告诉我你就是我的真命天子,我并未作出错误的决定。我为自己的荒唐和幼稚感到抱歉,但是要改掉一种习惯谈何容易啊!"

"我宁愿自己做出了错误的决策和行动,也不愿总困在犹豫不决的状态中!"一个成功的商人曾对这样说过,"如果头脑清醒,我通常能在遭遇很大的挫折之前,就能判定所做的决定是对是错。然后,通过从错误中吸取教训,我就拥有了做出正确决策的智慧。然而,若我一直犹豫不决,就什么进步也没有。"

从今天起明确你的决定

若你时常困溺于优柔寡断的状态中，请同这不良习惯彻底决裂吧！若做不到这一点，你头脑那部分错误决定将会给你吸引来更多同类，令你余下的人生十分悲惨。

若你总是优柔寡断，你将不能听到"内心的声音"。

我的一位亲戚是位传教士。当他还年轻时，就产生了思想上的纠结。他的研究令他对圣经中的部分内容产生了怀疑，于是他开始谴责自己居然在教授那些自己都已不再相信的东西。他的内心深处产生了冲突，这冲突像瘟疫一样折磨着他。他总问自己"继续神职工作究竟是对是错？"后来他就得了哮喘病，某个周末，他正准备去讲坛授课，这病发作了。大自然用自己的方式让他将自己觉得不该说的话埋在了心底。他的身体状况就是思维状况的写照。终于，出于健康问题，他从神职上退休了。然而他却从来不敢向人坦白自己在宗教信仰上的疑虑，甚至对自己的妻子也不例外。30年来，这位聪明人一直独自承受着内心的折磨，有时当他纠结于自己的职责和因不作为而生的罪孽，叩问自己究竟是对是错时，哮喘病就会严重发作。

在我的这位亲戚即将走到生命的尽头时，我与他进行了一次谈话。他说他必须把某些东西从头脑中清理出去。他告诉了我他多年来的困扰，并问我他是否会因此而受到惩罚。我向他保证说，我认为宇宙中的上帝如此博大精深，不至于谴责或降罪于人类。我们都会犯错误……这是我们成长的唯一方式。这时他对我说："如果我这一生重新来过，我会离开教堂，转而从事写作，开诚布公地表达我的思想。因为我如今意识到，许多人曾产生过和我同样的想法。但是，一切都太晚了，是我让恐惧、优柔寡断、自我谴责毁掉了自己的一生,却没有做任何实际工作。"

　　当许多人面临两种可能的抉择,不确定自己该选哪个时,会同时兼顾两者,而这往往会令他们十分痛苦。没有人能同时在两个方向上走得长远,你必须做出选择。若你能听从"内在的声音"的指引,就一般能做出正确的选择。然而,自身的情绪、欲望、偏见等总在诱惑着我们,想把我们拉入歧途。

　　决定产生于勇气,勇气来源于对自身和内在的的信念。为什么要继续想象那些业已困扰着你的问题和状况让它持续困扰你呢?请下定决心抛弃这些想法,并彻底改变思维影像吧!只有这样,你才能获取内在的创造性潜能为你创造更美好未来的力量!

看准时机再行动

曾经有位记者问老演员查尔斯·科伯恩一个问题："一个人如果要想在生活中做成大事，最需要的是什么？大脑？精力？还是教育？"

查尔斯·科伯恩摇摇头。"这些东西都可以帮助你成大事。但是我觉得有一件事甚至更为重要，那就是：看准时机。"

"这个时机，"他接着说，"就是行动——或者按兵不动，说话——或是缄默不语的时机。在舞台上，每个演员都知道，把握时间是最重要的因素。我相信在生活中它也是个关键。如果你掌握了审时度势的艺术，在你的婚姻、你的工作以及你与他人的关系上，就不必去追求幸福和成大事，它们会自动找上门来！"

这位老演员告诉我们，如果你能学会在时机来临时识别它，在时机溜走之前采取行动，事情就会大大简化。

把自己的目标深深地埋在心里，然后静待时机，也是高度智慧的体现。

1934 年，美国总统罗斯福为挽救美国历史上最严重的经济危机采取新政。实业家哈默密切地注视着形势的发展，他感觉到自己事业大发展的时候可能到了，因为新政一旦实施，禁酒令就会被废除。

早在 1922 年的时候，美国议会通过了《沃尔斯台德法案》。法案规定不许酿造和销售酒精含量超过 5‰的饮料，而到了 20 世纪 30 年代，因为经济危机，罗斯福总统不得不推行一系列改革的新政策。随着新政策的出台，哈默凭自己多年经商的眼光判断，认为罗斯福总统会取消已经不合时宜的禁酒令。而禁酒令一旦被解除，全美国对啤酒和威士忌酒的需求将会出现一个高潮。

然而市场上还没有酒桶，于是哈默把眼光盯住了白橡木酒桶。

看准了这个商机之后，哈默很快就从苏联订购了几船桶板。当货物运到美国时，却发现运来的不是成型的桶板，却是一块块晾干的白橡木板。等不及追究谁的责任，哈默马上就近租用了一个码头，修建了一座临时的桶板加工厂，日夜不停地加工这些白橡木板。

哈默的眼光是正确的。如他所料，禁酒令很快就被解除了。当禁酒令解除时，哈默的酒桶正从生产线上源源不断地下线，这些酒桶很快就被各大酒厂抢购一空，因为供不应求，哈默又建立了一个现代化的加工酒桶的工厂，钞票源源不断地流入了哈默的口袋。

要想成就大事，就要养成看准时机再行动的习惯。做事高效的人在做事的时候，总是先看准时机再行动。时机，尤其是政府和政策方面提供的时机有时决定着商人的存亡，一个政策可以成就一个企业，也可以毁灭一个行业。时机是财富的引领者，只有关注时机才能借助大环境，才能屡战屡胜。

很多人的成功有时就体现在对事情的预见之中。有能力看准时机的人能及早地预测到事情发生的原因和发展的方向，所以能够未雨绸缪，把事情引向有利于自己的方向发展，使事情办起来很顺畅。做事不懂得洞察时机的人，只能任由事物发展，所以在做事的过程中可能会遭遇到更多的挫折和困难。

要科学地把握时机有两种方法：其一，准确判断形势。先对事物的产生、发展有全面的了解，再把握各种矛盾之间的联系，抓住主要矛盾。其二，做科学的预测。即能预先推测或测定可能要发生的事情，抓住苗头，把问题解决在萌芽状态。

要想做事顺畅，做事高效，就要培养自己看准时机的眼光。拿破仑说过："如果我总是表现得胸有成竹，那是因为在提出任何承诺前，我都是经过长期的思考，并预见了可能发生的情况。"

信心的力量

信心不仅能使一个白手起家的人成为富豪,也会使一个演员在风云变幻的政坛上大获成功。美国第四十届总统——罗纳德·里根就是有幸掌握这个诀窍的人物。

里根是一个演员,却立志要当总统。

从22岁到54岁,罗纳德·里根从电台体育播音员到好莱坞电影明星,整个青年到中年的岁月都陷在文艺圈内,对于从政完全是陌生的,更没有什么经验可谈。这一现实,几乎成为里根涉足政坛的一大拦路虎。然而,当机会来临,共和党内一部分人和保守派及一些富豪们竭力怂恿里根竞选加州州长时,他毅然决定放弃大半辈子赖以为生的影视职业,决心开辟人生的新领域。

当然,信心毕竟只是一种自我激励的精神力量,若离开了自己所具有的条件,信心也就失去了依托,难以变希望为现实。大凡想有所作为的人,都须脚踏实地,从自己的脚下踏出一条远行的路来。正如里根要改变自己的生活道路,并非忽发奇想,而是与他的知识、能力、经历、胆识分不开的。有两件事树立了里根角逐政界的信心。

一是他受聘通用电气公司的电视节目主持人。为办好这个遍布全美各地的大型联合企业的电视节目,通过电视宣传,改变普遍存在的生产情绪低落的状况,里根不得不用心良苦,花大量时间巡回在各个分厂,同工人和管理人员广泛接触。这使得他有大量机会认识社会各界人士,全面了解社会的政治、经济情况。人们什么话都对他说,从工厂生产、职工收入、社会福利到政府与企业的关系、税收政策等。

里根把这些话题吸收消化后,并通过节目主持人身份反映出来。立刻引起了强烈的共鸣。为此，该公司一位董事长曾意味深长地对里根说："认真总结一下这方面的经验体会，为自己立下几条哲理，然后身体力行地去做，将来必有收获。"这番话无疑促使里根树立弃影从政的信念。

另一件事发生在他加入共和党后。为帮助保守派头目竞选议员募集资金，他利用演员身份在电视上发表了一篇题为《可供选择的时代》的演讲。

因其出色的表演才能，大获成功，演说后立即募集了100万美元，以后又陆续收到不少捐款，总数达600万美元。《纽约时报》称之为美国竞选史上筹款最多的一篇演说。

里根一夜之间成为共和党保守派心目中的代言人，引起了操纵政坛的幕后人物的注意。

这时候传来更令人振奋的消息，里根在好莱坞的好友乔治·墨菲，这个地道的电影明星，与担任过肯尼迪和约翰逊总统新闻秘书的老牌政治家塞林格竞选加州议员。在政治实力悬殊巨大的情况下，乔治·墨菲凭着38年的舞台银幕经验，唤起了早已熟悉他形象的老观众们的巨大热情，意外地大获全胜。原来，演员的经历，不但不是从政的障碍，而且如果运用得当，还会为争夺选票赢得民众发挥作用。里根发现了这一秘密，便首先从塑造形象上下功夫，充分利用自己的优势——五官端正，轮廓分明的好莱坞"典型的美男子"的风度和魅力，还邀约了一批著名的大影星、歌星、画家等艺术名流出来助阵，使共和党竞选活动别开生面，大放异彩，吸引了众多观众。

然而这一切在里根的对手、多年来一直连任加州州长的老政治家布朗的眼中，却只不过是"二流戏子"的滑稽表演。他认为无论里根的外部形象怎样光辉，其政治形象毕竟还只是一个稚嫩的婴儿。于是他抓住这点，以毫无政治工作经验为实进行攻击。

殊不知里根却顺水推舟，干脆扮演一个纯朴无华、诚实热心的"平民政治家"。里根固然没有从政的经历，但有从政经历的布朗恰恰才有更多的失误，给人留下把柄，让里根得以辉煌。

二者形象对照是如此鲜明，里根再一次越过了障碍。帮助他越过障碍的正是障碍本身——没有政治资本就是一笔最大的资本。

因而,每个人一生的经历都是最宝贵的财富。不同的是,有的人只将经历视为实现未来目标的障碍,有的人则利用经历作为实现目标的法宝。里根无疑属于后者。

就在里根如愿以偿当上州长问鼎白宫之时,曾与竞争对手卡特举行过长达几十分钟的电视辩论。面对摄像机,里根发挥出淋漓尽致的表演效果,时而微笑,时而妙语连珠,在亿万选民面前完全凭着当演员的本领,占尽上风。

相比之下,从政时间虽长,但缺少表演经历的卡特却显得相形见绌。

成功者大都有"碰壁"的经历,但坚定的信心使他们能通过搜寻薄弱环节和隐藏着的"门",或通过总结教训而更有效地谋取成功。

有人说那时里根鸿运高照,其实,里根的鸿运通常都是他信心坚定的结果。

在他担任美国总统期间,当时的苏联领导人戈尔巴乔夫,在雷克雅卫克高峰会议上提出了武器裁减计划,试图使里根放弃战略防御构想。若里根反对,就显得他对和平毫无诚意。里根素来在谈判桌上表现得很有风度,他强抑怒火,退出了谈判。但他并未退缩,继续与苏联人周旋,利用苏联不断坏死的经济迫使对方让步。

最后,戈尔巴乔夫屈服了,签订了有史以来第一次核裁军条约。

通过里根的经历,我们可以感觉到:信心的力量在成功者的足迹中起着决定性的作用,要想事业有成,就必须拥有无坚不摧的信心。

信心对于立志成功者具有重要意义。有人说:成功的欲望是创造和拥有财富的源泉。人一旦拥有了这一欲望并经自我暗示和潜意识的激发后形成一种信心,这种信心便会转化为一种"积极的感情"。它能够激发潜意识释放出无穷的热情、精力和智慧,进而帮助其获得巨大的财富与事业上的成就。

在每一个成功者或巨富的背后,都有一股巨大的力量——信心在支持和推动着他们不断向自己的目标迈进。所以,拿破仑·希尔可以肯定地说:

信心是生命和力量。

信心是奇迹。

信心是创立事业之本。

不计辛劳，勇往直前，定让你的人生大放异彩。

　　有人把"信心"比喻为"一个人心理建筑的工程师"。在现实生活中，信心一旦与思考结合，就能激发潜意识来激励人们表现出无限的智慧和力量，使每个人的欲望所求转化为物质、金钱、事业等方面的有形价值。

灵活地运用游戏规则

生活的智慧告诉我们:做人做事不要轻易就被这样那样的规则束缚住了。墨守成规是前进的绊脚石。画地为牢只能是自设障碍。真正的成功人士,骨子里都流淌着创造和叛逆的血。

《孙子兵法》云:"凡战者,以正合,以奇胜。"孙子认为,指挥者采取军事行动时必须根据战场的具体形势,灵活应变,出敌不意,以一般战法为正,特殊战法为奇;正奇互补,出奇制胜。

这种灵活作战的"正奇之道"应用到事业、商业上,就成了"灵活地运用游戏规则"。

现在争夺奥运会主办权几乎是一场"世界战争",因为奥运会的举办,不仅会给主办国带来一定的声望,同时也会带来巨大的利润。但大多数人们不知道的是,长期以来,奥运会一直是巨额亏损的。

1976 年加拿大蒙特利尔第 21 届奥运会亏损 10 亿美元;1980 年,苏联莫斯科第 22 届奥运会亏损 9 亿美元。1984 年美国洛杉矶第 23 届奥运会面临巨额亏损局面时,洛杉矶甚至提出拒绝主办,要把这个烫手的"热山芋"扔出去。如此巨大的亏损事业,世界各国谁敢接手?

是变通游戏规则的时候了。紧急关头,国际奥委会召开紧急会议决定:放弃政府投资,改为商业运作。在旅游公司的老板尤伯罗斯的策划运作下,国际奥委会做出了以下几个主要动作:

第一招是将奥运会电视转播权作为专利拍卖。这一招为主办方带来巨资 2.8 亿美元。

第二招是采取"钡碱法",征集广告赞助单位。规定每个行业只选一家,共接受 30 家正式赞助单位,以 400 万美元起价拍卖,引起激烈竞争,集资 3.85 亿美元。

第三招是圣火商业化传递。规定圣火接力者每跑一公里收费 3000 美元。

第四招是发行"赞助计划票"。制作各种纪念品出售,又集资数千万美元。

结果,这届奥运会闭幕盘点,竟盈利 1.5 亿美元。

奥运会的转折在于成功的商业运作,在于大胆地变通游戏规则。本来是连美国政府都难以承担的巨额亏损,只因改变了运作方式,创新了游戏规则,就变成了一个巨大无比的"蛋糕"。

在做事时,单靠努力奋斗不行,我们还要找到最好的做事方式,我们得知道我们有多大的权力,在多大的范围内可以自由运作。

如此,我们才能掌握好做事的分寸,既遵守游戏规则,又能最大限度地以最轻松的方式获取最大的成就。也就是尽可能地灵活运用游戏规则。

一般来说,想创立一番事业的人更喜欢灵活地运用游戏规则。哈佛商学院沃尔特·屈默勒副教授曾总结出这样一条经验:"成功的创业人士大多能够灵活地运用规则。一般来说,经理人有时也会耍一些小聪明,但一般都不会越雷池一步;而创业人士则不同,他们不但愿意变通规则,可以说,他们简直是乐此不疲。实际上,在大多数成功的创业故事中,总有那么一幕:大胆的创业人士如何运用一些惊世骇俗的策略,做成一笔关键的生意或者找到重要资源使其创意成为现实。"关于这一点,他提到了两个年轻的创业者创办邮购公司的故事。

20 世纪 90 年代后期,当两位年轻人从一家风险投资公司那里获得了种子资金后,他们需要迅速招募一支由 20 人组成的经验丰富的营销团队,以编制首份邮购产品目录。这两位创业者当时还没有租到办公室,他们的办公场所就在卧室外面,仅有的办公设备也就是每人一部手机和一台电脑。

当时的劳动力紧缺,他们很清楚,除非能让外界认为他们是一家成熟的公司,否则优秀的人才是懒得费力劳神来参加面试的。为了公司的成长壮大,他们必须招募到优秀的营销人才。这两位魄力十足的创业者灵机一动,决定编造两个无恶意的谎言。

首先,他们在本国一份主要的商业报纸上登了一个引人注目的广告,将自己的公司描述成一家"迅速成长的跨国企业"。这一描述并非完全真实,但也不算完全虚假。这两位创业者解释说,因为他们确实有将公司业务扩展到该地区另外两个国家的计划。这则广告没有白做,一下子就吸引了上千人前来应聘。

接下来是面试。总不能让大批面试者就在自己的卧室外面面试吧。于是,揣着应聘者的个人简历,两位创业者又在当地的四季酒店租了一天的豪华套房,对经过初选的应聘者进行了面试。两位创业者当天的'假戏真做'进一步增强了公司的吸引力,由此吸引了优秀的人才,使得公司向成功又迈进了一步。到2001年,该公司的正式员工已经有500名,并且真的成为一家成长迅速的跨国企业。

创业初期,每一个创业人士都会遇到各种各样的困境。几乎创业生活的各方面的都会有这样那样的问题出现。如果我们在着手创业时,一味地墨守成规,照章办事,那只能是死路一条。这时候就需要创业者大胆地突破成规,灵活地运用规则。这样才会柳暗花明又一村,于绝处中冲出一条生路。天无绝人之路,只要能灵活地运用规则,想方设法寻求突破,创业者都能借此突破事业的瓶颈,打通创业之路。

1991年,冯仑和王功权南下海南创业的时候,兜里总共才有3万元钱。3万元钱,要做房地产,即使是在海南也是天方夜谭。但是冯仑想了一个办法。他找到一个信托公司的老板,先给对方讲了一通自己的经历。冯仑的经历很耀眼,对方不敢轻视;再跟对方讲了一通眼前商机,自己手头有一单好生意,包赚不赔,说得对方怦然心动。

看到对方动了心,冯仑说:不如这样,这单生意咱们一起做,我出1300万元,你出500万元,你看如何? 老板被说服了慷慨地甩出了500万元。冯仑就拿着这500万元,到银行做现金抵押,又贷出了1300万元。他们就用这1800万元,买了8幢别墅,略做包装一转手,赚了300万元,这就是冯仑和王功权在海南淘到的第一桶金。

有人说冯仑他们这是"空手套白狼",其实不然,第一点冯仑不过是利用了资本对利润的渴求,也就是利用了资本的势利眼而已;第二点他们也不过是灵活地利用了游戏规则,并没有违法乱纪。创业者能够灵活地利用游戏规则,突破创业之初的瓶颈,也是他们智慧的表现。

游戏规则的确立必然是经过混沌的、无序的状态,然后才能进入到有序状态。有序的游戏规则必然是在相互冲突、碰撞中形成的,只要不是涉及法律,那么就应该通过企业之间的相互碰撞来形成规则。企业之间或对抗,或排斥,或合作,正是这种互动,才能形成法律之外的产业规则。

总之,人们所谓的"游戏规则"不是绝对的,而是模糊的,是具有弹性的。由此我们明白,为了自己获取最大的利益,为了更好地成就自己的事业,我们可以灵活地运用游戏规则。在强手如林的社会中,灵活运用游戏规则是我们立足于世、脱颖而出最重要的撒手锏。

俄国女性依黛因为敢于大胆变通游戏规则,不单创造了服装史上的奇迹,同时也改善了世界上一半人的生活。

20世纪初,美国美女的标准之一就是胸部像男人那样平坦。特别是少女,如果胸部高高耸起,便会被认为是没有教养的下等人,在社会上要受到轻视。而要想成为平胸的少女,就必须像中国妇女缠足一样,从小就把胸部紧紧地包扎起来。这种违反人类天性的做法,给无数女性带来了巨大的痛苦。为美国女性解除这种痛苦的,是一位俄国女性依黛。

依黛出生在俄国的明斯克,2岁的时候到了美国,20岁时与逃到美国的俄国同乡罗辛萨尔结为夫妻,在美国新泽西州的后波肯经营服装生意。不久,因为生意发展迅速,他们来到了美国服装业的中心纽约。

在这里,依黛和邓肯太太开了一家很小的服装店。有一天,邓肯太太对依黛说:"我的小女儿的胸部特别丰满,要替她弄得像男人那样平坦很不容易,她感到痛得很厉害。您有没有什么好的办法,把她的衣服给改一下,使她少受一点罪!"

历史上,许多具有重大意义的突破往往是从一些小事开始的。胸罩的发明正是始于此。

依黛对服装有着特殊的敏感,虽然她没有学过服装设计,但她对不少传统的服装都有自己的见解。好朋友的要求,立即引发了她的创作冲动。

她面临的困难不是技术上的,而是传统的观念。如果一下子就把传统的观念抛开,可能就会招致惨败。

经过一番认真的思考,她提出了一个方案:用一个小型的胸兜来代替现行束胸的带子,然后在上衣的胸前加上两个口袋来掩饰乳房的高度。

这种设计是很巧妙的,没有引起社会上的轰动,在某种程序上减轻了女性束胸的痛苦。很快这种新型的服装就成为畅销品,小店的生意也红火起来了。

第一步的成功更加激起了依黛的创造热情,扩大了她的思考空间。人类的一半是女性,如果能够设计出一种让女性解除束胸痛苦的服装,不仅可挣来大笔的财富,还可打破女性服装的传统局面。一旦思想上突破了成规,真正成形的胸罩很快就被设计并加工出来了。

在这个时候,依黛又不免犹豫起来了:传统道德观念是如此的强大,旧的游戏规则会带来怎样的反作用力呢?如果这种女性胸罩遭到社会的谴责和反对,浪费了精力不说,她们的服装店也可能就完了。经过再三的思索和考虑,她还是不能放弃这个解除女性痛苦的设计,不肯放弃这个发财的好机会。无论如何,也要把这种服装投放到市场上去……

依黛还着手准备扩大生产,建立"少女股份公司"以扩大影响,不过她还是接受了邓肯太太的建议,暂时不在报纸上登广告,以免过分刺激社会舆论。

第一批胸罩投放市场,立即引起了强烈反响:妇女界轰动了,服装界轰动了,胸罩立即被抢购一空。

出乎依黛意料之外的是,虽然有少数人跑出来反对,在报纸上发表文章,叫嚣着要政府加以取缔,可是很少有人附和,倒是有不少报纸不断报道人们对胸罩的正面反应。很多女性,特别是年轻女性,看到反对的声音并不强烈,争相前来购买,胸罩的销售量直线上升。

此后,依黛又加大投资,购买设备,扩大生产。经过短短几年的时间,一个十几人的小店就变成了拥有数千工人的大工厂,销售额由几十万美元飙升到几百万美元。20世纪30年代,美国遭受了严重的经济危机,很多企业都纷纷倒闭,可是依黛的服装厂却一枝独秀,长盛不衰,创造了服装史上的奇迹。

如果说这是技术创新的胜利，不如说是大胆地改变游戏规则的胜利。依黛改变了女性束胸的方式，不单自己赚得盆满钵满，而且也改变了整个服装行业规则，改变了世界上所有女性的生活习惯。

再伟大的事业，也要在法律的基础上去实现。商场如战场，但商场并不是战场。你可以变通规则，但你不能触犯法律，也就是不能超越游戏规则的底线。

无数成功人士的经验告诉我们：只要你愿意，你可以灵活地运用各种游戏规则，但有一条，你可以变通游戏规则，但不能打破游戏规则。游戏规则的底线，便是法律，法律是最权威、最有约束力的游戏规则。

第七章
幽默是人际关系的催化剂

　　凡善于幽默的人,其谐趣必愈幽急隐,而善于览赏幽默的人,其欣赏尤在于内心静默的理会,大有不可与外人道之滋味,与粗鄙显露的笑话不同。幽默愈幽默而愈妙。幽默的人生观是真实的宽容的、同情的人生观。有这么一首小诗:"你要是心情愉快,健康就会常在;你要是心境开朗,眼前就是一片明亮;你要是经常知足,就会感到幸福;你要是不计较名利,就会感到一切如意。"如果我们能控制好情绪,保持乐观向上的精神状态,使自己进入洒脱豁达的境界,那就掌握了生命的主动权。

取悦人心的幽默感

常言道："笑一笑，十年少。"这句话说明在人的生活中，那种令人逗笑的幽默语言能缓解当今社会那种环境瞬间变化和速度效率急剧加快给人造成的一种莫名的心理压力和焦虑，使人的心情变得轻松愉快。所以说具有幽默感的人能给人一个良好的印象，同时，幽默感是人的比较高尚的气质，是文明和睿智的体现。

但幽默的艺术并不是随时随地都可以使用的，必须在特定的场合和特定的条件下才可进行。比如当你面对老板，虽然可以时不时地幽他一默，但一定要掌握好幽默的限度，切不可信口开河，胡说八道。假若老板开会，正在台上向职员们发表讲话，而你却在这个时候突然说出一两句逗人的话，虽然大家被你幽默的话逗乐了，然而老板肯定会认为你是一个不守纪律、缺乏礼貌和修养的人，因而会在他心中对你留下不良的印象。又如，老板和职员欢聚在一起；说些幽默的话逗乐，而你却把由此引向歧途，说了不雅的话，老板当然会认为你是一个不知高低的冒失鬼。

在生活中，不少人在开玩笑时往往把握不住分寸，因而弄得和别人不欢而散，影响了彼此之间的感情，自己也增加了烦恼。所以，与人开玩笑，尤其是对那些事关自己前途的人开玩笑要尽量适可而止。硬幽默不如不幽默。有些人特别是那些地位较低，做下属的为了讨老板欢心，尽力想表现自己的幽默感，而自身又不具备幽默的素质，往往勉为其难。如此，老板不知道究竟是该为你的做法笑一下为好，还是不笑为好，双方都会十分尴尬，久而久之，老板就会认为你虚伪，只是装出样子给他看罢！

有幽默感是一种良好的修养。幽默的艺术是一种充满魅力的交际口才技巧。

有一位男青年对女友说："昨夜，我梦见自己向你求婚了，你怎么看呢？"

他的女友巧妙地回答："这只能表明你睡眠时比醒着时更有感情。"

不论你的感情沸腾到什么程度，最好不要直来直去的有："我爱你"这类拙劣的表示，即使不会引起对方的厌恶，至少也会被人认为缺乏修养。

一位姑娘说，她的男朋友给她的一封信中，只写了短短几句话："我中箭了，是丘比特的金箭，祈求你同样中箭，不是金箭，而是铜箭。"

神话中传说：被爱神丘比特金箭同时射中的一对男女能缔结良缘。如果一方中了金箭，另一方中了铜箭，那中金箭的一方便只能"单相思"。这个小伙子正是巧妙地运用了神话，给姑娘以良好的"第一印象"。

在以上两个求爱的案例中，两位小伙子能够把握幽默的火候，不庸俗，且含羞地表达了对对方的恋情。这种把握场合，把握时机的幽默言行怎能不招人喜爱呢？

得体的幽默感能制造宽松和谐的交谈气氛，能改善人际关系或摆脱困境。尤其是在少男少女的恋爱期间，得体的幽默感更能使爱情之花盛开！

成就事业离不开幽默艺术

在现实生活中。富于幽默感的人一定充满活力。他会有多方面的兴趣爱好、广泛的交往、充沛的精力和开阔的胸怀。在美国创业之初,最初的移民就是靠着幽默力量的支持和鼓励,克服对蛮荒的恐惧,熬过创业的艰难,战胜新大陆的种种挑战的。有此等力量,开创事业,就不在乎"难"字。

既然幽默感具有使人成功的活力,那么让我们来看一看实际操作中,成工人士是如何获得成功的。

下面,我们着重谈谈推销员是如何利用幽默感去获得成功的。也许你并不是推销员,但幽默感作为一种才能是各行各业都需要的,对我们每个人都有裨益。并且,从广义上来看,我们每个人都在不自觉中推销着某些东西,如鼓吹某种主张、介绍某种方法、推广某种成果。在某些情况下,甚至推销自己——中国成语称为"毛遂自荐"。

有位年轻的女推销员挨家挨户推销大英百科全书,获得了相当惊人的成绩。她是怎么做的呢?

"很简单",她得意地闪烁着双眼说,"我总是在夫妇俩都在家的时候去拜访,然后向丈夫说明来意,列举这本书的实用价值和博大精深的内容;但是我故意压低声音,那位坐在旁边的太太就会一字不漏地注意倾听。这样,在丈夫征求妻子是否同意时,就很容易取得一致意见。"

有一位推销旅游用品的新手,向一位老前辈大谈苦经:"我干得糟透了,每到一个地方,就受人侮辱。"

"你真不幸,我弄不懂你怎么会搞成这样?"前辈深表同情地说,"我已经做了40多年的推销员,我的样品曾经被人扔出窗外,我自己也曾经被人一拳揍在鼻子上,被人踢下楼梯,被人赶出门外;但是我想自己还算幸运,我从来也没有被人侮辱过。"

这位老前辈以幽默的语言回忆自身难以避免的遭遇，而以严肃的、坚忍不拔的精神对待工作，这就是事业成功的前提。

对事业来说，幽默还有一个功用，就是消除工作中的紧张和沮丧。

为了消除工作中疲劳、紧张和沮丧，我们需要休息，需要松弛，更需要笑。

有时候，一句短语就能显示幽默感，如小吃店的门上写着："不好吃不要钱"或者"本店征招顾客，无须经验"，顾客看了这样的宣传，就会心生好奇，吃的时候也会津津有味。

又如，在垃圾上写着："保证满意，否则加倍奉还垃圾。"也会使人忍俊不禁。

荒谬的故事也能以其趣味性，使人摆脱受挫后的沮丧。

有两位保险公司的业务员争相夸耀自己的公司付钱有多快。一位说："我们的公司十有八九在意外发生的当天，就把支票送到受益人的手中。"

另一位无法争得上风，又不甘心就此认输，就说："那算什么！我们的公司在一幢40层大厦的第23层。有一天，我们的一个投保人从顶楼摔下来，当他经过第23层时，我们就已经把支票塞到他的手里。"

可真够厉害的，吹牛不犯法，虽然它有些不着边际，但有时却能帮助人们找到信心。

你必须明白一点，不论你从事什么行业，也不论你是董事长、经理或是普通职员，掌握幽默的艺术都能助你一臂之力，拥有了幽默感，你也就拥有了一具所向无敌的事业"推进器"。

巧用幽默的心声当红娘

爱情是神秘的,言语诙谐有趣是恋爱成功的必要条件。男女两性自亚当、夏娃诞生日起就处于一种很微妙的关系之中。排拒和吸引就如爱和恨的情绪一样是转瞬之间发生的,两性的交往作为世上最富衍生力的文学艺术题材参与了人类文明的每个进程。因而迄今为止,两性交往仍然是个需慎而又慎的难题。毫无疑问,幽默的言谈是男女关系中最富情感张力的语言形式,它能自然地增进亲密,改善彼此的友情。

比如:当一位小伙子把皮夹忘在餐厅时,熟悉的姑娘对他说:"皮夹忘了没关系,别把我忘了就好。"两人的关系一定会更亲密。再比如,对即将结婚的女同事,你打趣地说:"你真是舍近求远。公司里有我这样的人才,你竟然没发现!"她绝不会嫌你轻浮,反而会感激你的友谊和欣赏。爱的热流流淌在两性之间,总是使人觉得弥足珍贵。

日本幽默家秋田实认为,幽默艺术是爱情的催化剂。男女约会时,双方若能以幽默的口吻交谈,可使感情火速增长。因为激发爱的温柔的感触,在幽默言谈中最易生成。有不少年轻小伙子相貌堂堂,举止文雅得体,也很有些特长能力,不乏"男子汉"的风度,却每每情场失意,关键就在于缺乏幽默感。他们或者寡言少语,或者饶舌不停,然而没有一句话机智有趣。这使对方深感索然无味,话不投机。

相反,富有幽默感的人谈情说爱却总能成功。

1949 年,当接近不惑之年的罗纳德·里根结识了 28 岁的南希时,爱情之火在他心中燃起。他虽然面临着电影事业上的困境,但侃侃而谈,以充满热情的幽默的语言最终打开了南希的芳心。从此,每当里根谈话,南希总是凝视着他,全神贯注地倾听着那富有趣味的妙语,爱情之藤,老而弥坚。

在美国有一个小伙子爱上了一位姑娘。一天,他又来到姑娘家,两人在火炉边烤火。最后,他说道:

"你的火炉跟我妈的火炉一模一样。"

"是吗?"姑娘漫不经心地应道。她还以为这是小伙子随便说的一句话。

"你觉得在我家的炉子上你也能烘出同样的碎肉馅饼吗?"他富有幽默感地问。

姑娘愣了一下,随即悟出了问话所含的意义。她欢悦地答道:"我可以去试试呀!"

与这样温婉风趣的青年在一起,姑娘的幸福可想而知。

幽默的求爱求婚方式,似乎更有魅力,更富于使人心动的浪漫情趣。

美国科学家富兰克林,1774年丧偶,1780年在巴黎居住时,向他的邻居——一位迷人而有教养的富孀艾维斯太太求婚,情书中求婚的方式极富幽默感。

富兰克在情书中说:他见到了自己的太太和艾维斯太太的亡夫在阴间结了婚,于是他继续写道:"我们来替自己报仇雪恨吧。"这封情书被誉为文学的杰作、幽默的精品。

在某航空俱乐部的一次集会上,一位漂亮的空中小姐身着晚会装,胸部半裸,颈上系着一个闪闪发光的金色小飞机垂饰。

一位青年空军军官,直盯盯地望着女孩子白皙、丰满的胸部,女孩难为情地低下头。

这时,这位魅力诱人的女孩子,温柔沉静地向他说:"啊,喜欢这个金飞机吗?"

空军军官只说了一句话,话声虽低但很清楚:"小飞机非常漂亮,可更漂亮的是……"

漂亮的女孩子看了看胸饰。这时,空军军官最后鼓起勇气说:"更漂亮的是机场……"

顿时,女孩子开心地笑了。

这句话使她感到意外。因为他并没有说："漂亮的是你的胸部。"而是暗示地说"更漂亮的是机场……"如此终于使他们更深更浪漫地相爱。

一位青年是这样向在银行储蓄所当出纳员的女友求爱的：

"小姐：我一直在储蓄这么一个想法，期望能得到利息。如果星期六有空，你能把自己存在电影院里我边上的那个座位上吗？我把你可能已另有约会的猜测记在账上了。如果真是这样我将取出我的要求，把它安排在星期天。不论贴现率如何，做你的陪伴是十分愉快的。我想你不会认为这要求太过分吧。以后来同你核对。真诚的顾客。"

在这里，"储蓄""存在""记在""取出""贴现率""核对""顾客"，由于处在特殊的语言环境，就都具有双重意思，而且句句双关。风趣诙谐和真诚恋情从字里行间跃然而出，难怪他的女朋友抵制不了这迷人的诱惑。

如果你懂得在爱中运用幽默的艺术，你最终将会有情人终成眷属。

魔力悄悄话

爱情的表达，本无定式，直率与含蓄，各有价值。但是，我们中国人（或东方人）都习惯以含蓄为宜，一是使得话语具有弹性，不至于由于对方一拒绝就不能挽回局面；二是符合恋爱时的羞怯心理；三是符合我国传统文化心理。

正是由于这些，幽默的语言作为一种含蓄的语言形式，人们因此乐于以此道在恋爱生活中表达爱的情感，使人在欢笑中体会到彼此的爱。

用幽默的方法"钻空子"

人们往往在生活中有某种常态,在思维中有某种常理,人们的联想都为这种习惯了的常态和常理反复训练达到自动化的程度,以致一个结果出来,便会自动联想到通常的原因。而那些在推理过程中善于钻空子的人就是利用反向求因法进行的。这种方法的特点是往反面去钻空子,把极其微小的巧合的可能性当作立论的出发点。

反向求因法的特点,就是把一个极其微小的可能性当成现实,虽并不能最后取消对方提出的另一种更大的可能性。比这种类型的方法更具有喜剧性的是另一种完全否定了原来的因果关系的幽默方法。

一位叫约翰的病人问医生:"我能活到90岁吗?"

医生检查了一下约翰的身体后,问道:"你今年多大啦?"

病人说:"40岁。"

"你有什么嗜好吗? 比如说,喜欢饮酒、吸烟、赌钱、女人,或者其他的嗜好?"

"我最恨吸烟、喝酒,更讨厌女人。"

"天哪,那你还要活到90岁干什么?"

本来病人的期待是:戒绝烟酒女人得到肯定的评价,其结果则不但相反,而且把这一切当成了生命意义。否定了这一切,就否定了活到90岁的价值,那就是这一切的价值高出于长命的价值之上。

这种幽默方法可贵之处,不仅在于结论,而且在于推演的过程,要环环紧扣,层层深入。

幽默家在进行幽默思维时,常常把两件表面上似乎毫无联系的事物牵扯在一起,从不协调中产生新的协调,从而产生幽默感,我们不妨把它叫作

"近远联想法"。可以说,近远联想法是幽默思维的基本要素,也是创造性思维的重要因素。

俄罗斯有一位著名的丑角演员杜罗夫。在一次演出的幕间休息时,一个很傲慢的观众走到他的身边,讥讽地问道:"丑角先生,观众对你非常欢迎吧?"

"还好。"

"要想在马戏班中受到欢迎,丑角是不是就必须具有一张愚蠢而又丑怪的脸蛋呢?"

"确实如此!"杜罗夫回答说,"如果我能生一张像先生您那样的脸蛋的话,我准能拿到双薪。"

这位傲慢观众的脸蛋,同杜罗夫能否拿双薪,本无丝毫内在的联系,在这里杜罗夫却巧妙地把它们牵扯在一起,从而产生了幽默感,对这位傲慢的观众进行了讽刺。

魔力悄悄话

要想学习近远联想法的幽默技巧,是可以办到的,你只要在脑子里排除一般的常规的联想和专业的联想,那么剩下的联想一般都可称之为"近远联想"。你不妨试一试。

含而不露的暗示幽默法

所谓含而不露就是运用暗示幽默法，即对事物表达自己的看法，不是通过直说，而有通过种种可能进行曲说，并达到幽默效果的方法。曲说可理解为从各个侧面说。

暗示幽默法广为人们喜欢，其原因在于它在多个方面对人们进行了照顾、安慰。比如面子，后面躲着自尊。如果有人在某些方面伤害了你，你用露骨的方法去刺他，不论他的面子后的自尊有没有教养，它都不允许自己被刺，那么仇恨、报复就由此产生了，

如果运用暗示幽默法来解决，首先，照顾了他的面子，而柔软曲说的话语却达到了尖锐的实质。一方面他会知难而退，另一方面，他会因照顾了他的面子反而有钦佩和感激了。

教养好的人，你常常会在他的身上发现暗示常驻。

暗示幽默法，能广泛地用于生活的各个方面，帮助我们解决困境。请看这则幽默：

有一对夫妇，丈夫做错了一件事，妻子不但不理解，反而更加唠叨得令人生厌。于是，丈夫火气十足地说："请别这样唠唠叨叨了好不好，不然，我要在桌子上痛打十巴掌了。"

"关我屁事，打呀，打。"想到肉痛的不是她自己，妻子反而火上加油。

"但是，"丈夫道，"经过这十巴掌的锻炼，第十一巴掌打在肉上可就有些功夫了。"

妻子戛然而止。大概她领会了丈夫内心的火气，不想让脸作为丈夫练功夫的沙袋吧。

在这个幽默的话里，丈夫打了十巴掌，第十一个巴掌打在什么地方，就

是一种暗示。这种暗示包含了如下意思:我心里很火很烦,需要理解和清静。现在我得不到这些,反而遭受另一种折磨,我有点忍无可忍了。为此,你最好住口,否则就别怪我不客气了。"功夫"一词,则承担了幽默的任务,这就是暗示幽默法。

在恋爱中,我们更可以使用暗示幽默法。

有一对情人在恋爱中,一天晚饭后,他们一起出去散步,来到了青青的河滩下,看见有一头牛在默默地吃草,缓缓地移动。小伙子指着牛说:"看那头牛多好呀,悠然自得,乐不思返。"

姑娘微微一笑:"那头牛是好,但也有不尽如人意的地方。"

小伙子说:"怎样才能尽如人意?"

姑娘道:"要是这头牛吃了晚饭,把碗筷统统端进厨房洗了就尽如人意了。"

小伙子不好意思地笑了,显然是接受了姑娘这幽默的暗示,记起自己在未来的岳母家吃了饭便一丢碗筷的毛病,这可能会使岳母翘起嘴巴。

交际中我们照样可以使用暗示幽默法。

如果你知道一个同事在背后说了你的坏话,你可否这样对他说:"我妻子今天吃了大亏了。"

"怎的?"他必然会问。

"她在背后说了一个邻居的坏话,以为人家不知道,可是,'要想人不知,除非己莫为',结果,人家还是知道了,两个人演了一出'全武行',我妻子亏就亏在她的两颗门牙全是假的。"

一笑之余,那位同志准会面红耳热吧。

是的,只要你努力,任何困境都可以用暗示幽默法来对待的。

有时要表达一种愿望,这种愿望并无难言之处,但仍然以曲折暗示为趣。

有个酒徒,贪恋杯中之物,酒醉之后常常误了大事。妻子多次劝他,他怎么也听不进去。一天,他的儿子对他说了几句话,却使他心灵受到极大的震动,以后就再也不喝酒了。

原来,他的儿子说:"爸爸,我送给你一个指南针。"

"孩子,你留着玩吧,我用不着它。"

"你从酒吧间出来时,不是常常迷路吗?"

在这个故事中,儿子用的就是"曲说隐衷"法。儿子对父亲老是喝醉酒,深为不满,但作为小辈,又不便直接对父亲的行为提出批评,于是便以这种委婉的方式向父亲提出劝诫。这种劝诫的效果是显而易见的。

富有幽默感是一种优点、健康的品质。幽默高手常常在悲苦时显得轻松,欢乐时显得含蓄,危险时显得镇静,讽刺时不失礼,孤独时不绝望。

说话含蓄,是一种艺术,同时也是幽默的一大技巧。常言说,"言已尽而意无穷,含意尽在不言中"。"含蓄表达"法,是把重要的、该说的部分故意隐藏起来,却又能让人家明白自己的意思,而且把用意寓于其中。

"含蓄表达"法这种幽默技巧,有一定难度,它要求有较高水平的说话艺术和高雅的幽默感。它体现了说话者驾驭语言的能力和含蓄表达幽默的技巧;同时,也表现了对听众想象力和理解力的信任。

如果说话者不相信听众丰富的想象力,把所有的意思和盘托出,这样不但起不到幽默的作用,而且平淡无味,言语逊色,使人厌倦。因此,有的话不必直说,甚至把本来可以直说的话,故意用"含蓄表达"法表达,从而产生一种耐人寻味的幽默效果。

有这样一个例子能体现"含蓄表达"法的幽默艺术:

有一个酒店老板,脾气非常暴躁。一天,有位客人来喝酒。

客人刚喝了一口,嘴里便叫:"好酸,好酸!"

酒店老板大怒,不由分说,把客人绑起来,吊在屋上。这时来了另一位顾客,问老板为什么吊人。老板回答:"我店的酒明明香醇甜美,这家伙硬说是酸的,你说该不该吊?"

来客说:"可不可让我尝尝?"老板殷勤地给他端来一杯酒。

客人呷了一口。酸得皱眉眯眼,对老板说:"你放下这个人,把我吊起来吧!"

后一个顾客显然机智地用含蓄表达法,用幽默的语言表达了酒酸,使老板明白了酒的确是酸的。

下面看看"含蓄表达"和"锋芒毕露"对比的例子。

有一家理发店，门前贴着一副对联："磨刀以待,问天下头颅几许;及锋而试,看老夫手段如何!"这副直来直去的对联,磨刀霍霍锋芒毕露,令人胆寒,吓跑了不少顾客,自然门可罗雀。而另一家理发店的对联则含蓄幽默:"相逢尽是弹冠客,此去应无搔首人。"上联取"弹冠相庆"的典故,含有准备做官之意,又正合理发人进门脱帽弹冠之情形。下联意即人人中意,心情舒畅。两家理发店相比,效果自然不言而喻。

"含蓄表达"法的幽默技巧,有时是人们用故意游移其词的手法,既不违背语言规范,又给人以风趣幽默之感。如有的演员自嘲长相差,便说自己"长得困难""对不住观众"。不如营业员遇到顾客买了商品未付款而准备离开时,问一句:"我给您找钱了吗?"——大多数顾客会马上回答:"哦,我还没付款呢!"

张冠就是要李戴

将某一语体的表达移置为另一种完全不同的语体风格来表达。这叫"语体移置"。柏格森认为，移置是滑稽致笑的一个重要方法，将某一思想的自然表达移置为另一笔调，即可得到滑稽效果。

例如，台湾著名节目主持人凌峰在介绍自己时说："中国五千年的历史沧桑都写在我脸上。"他借移置，为自己满脸皱纹作了绝妙的打趣，让听众乐不可支。

著名演员黄宏主演的小品《超生游击队》里，为超生的孩子取名为"少林寺""吐鲁蕃""海南岛""大兴安岭"……形象地对"游击"的范围，"超生"的地址作了绝妙生动的交代。

谈情说爱本是甜甜蜜蜜，卿卿我我的，但一旦充斥了各行业词汇，便顿生意趣。

下面一段话便是对此种方法的运用：

男：我得到一则消息：你爱我，是吗？

女：这条消息反馈得真快！

男：这太好了！我……恨不得……恨不得承包……

女：承包什么？

男：承包你的全部爱情！

女：妈妈原来说由我自己做主的，就怕到时不给我落实政策。

男：我们不需要父母的赞助！

女：小声点！你的喉咙，立体声似的，又不是做广告，要搞得人人皆知！

男：不要紧，这是公园最安全地带，是恋爱的特区。

这里，把一些科技行业用语，移入日常情感交流中，调侃意味十分浓厚。

移置可以打破语体间的界限,实行"横向交流",造成语体的互相倒位。因此,此法具有极大的喜剧性,被大量运用于喜剧表演中。

如相声《杂读<空城计>片段》:

甲:诸葛亮当中一坐,前边是满营将官,他对当前敌人的活动进行了一系列的宏观分析!

乙:怎么分析的?

甲:诸葛亮说:"根据我们侦察的情况,以司马懿为首的反动军队,自祁山一带向我方蠕动,从他们的行动来看,很可能进犯街亭,进一步占据西城,其目的是要把西城作为大规模侵略汉中的跳板。我们知道,西城不但是通往后方的交通干线,也是极为重要的战略要地,街亭又是西城的桥头堡。因此,我们必须主动出击,把进犯的敌人一网打尽。"

这里,诸葛亮流利地使用现代语言,今词古用,悖反言语交际规律,很有情趣。

总之,突然改变特定语言环境中的特定意义,"褒词贬用""贬词褒用""今词古用""古词今用""俗词雅用""雅词俗用",可令表达充满张力,增加情趣。

另外,"反常法"也是幽默语言类节目中常见的表达方式。

反常是用来对习以为常的生活逻辑的逆反,令人感到不可思议而很富情趣的表达方式,常常有一种令人意外的快感。看下例:

在1989年春节联欢会上,著名滑稽演员周椿春上台后,向台前观众一鞠躬,这都是正常的礼貌表示,观众鼓掌。不料他接着向无人的后台布景也鞠了一躬。这种反常的喜剧动作引得观众报以更热烈的掌声。

在一些特殊的语境中,对有些现象进行表白与解释,听来似乎言之有据,言之成理,其实是笑料之谈,以取得幽默效果。

1991年4月,凌峰在北京展览馆主持"海峡情"大型文艺晚会。

演出中,舞蹈家刘敏表演独舞《祥林嫂》时不幸坠落两米多深的乐池里。面对这突发事件,台上台下都愣住了,一时不知所措。

这时,只见凌峰不慌不忙地走上台来,摘下翘边儿礼帽,露出光秃秃的脑袋,然后弯腰向观众深鞠一躬,全场静下来了。凌峰发话了:"我知道,大家此刻正牵挂刘敏跌伤了没有,那么请放心,假如刘敏真的跌伤了,我愿意后半辈子嫁给她!"一直揪着心的观众轻松地笑了。

凌峰突然又一反其滑稽幽默的风格,显得激动而深情地说:

"刘敏说,艺术家追求的是尽善尽美,奉献的是完美无缺,现在她要把刚才没跳完的3分钟舞蹈奉献给海峡两岸的父老兄妹。"

观众闻此感动至极,掌声经久不息。这掌声既是对刘敏顽强精神的赞赏也是对主持人凌峰点铁成金的解说的回报。

牛津大学有位叫艾尔弗雷特的年轻人,有次在同学面前朗诵了一首自己写的新诗。同学查尔斯说:"艾尔弗雷特的诗我很感兴趣,不过,我好像在哪本书中见过。"

艾尔弗雷特很恼火,要求查尔斯道歉。

查尔斯说:"我说的话,很少收回。不过这一次,我承认我是错了。我本来以为艾尔弗雷特的诗是从我读的那本书上偷来的,但我到房里翻开那本书一看,发现那首诗仍然在那里。对不起。"

诗被抄袭,发表的原印刷物当然还在。查尔斯用偷东西的逻辑推理说明抄袭一事,创造了以上妙趣横生的笑话。

即使你不可能改变你的攻击性,幽默的话极可能帮助你钝化攻击锋芒;或者说,由于恰如其分地钝化攻击的锋芒,你的心灵获得了幽默感的陶冶,你游刃有余地以更有效的方式来表达你的意向,并避免弄僵人际关系。

这实在是需要更高一筹的智慧和更雍容更博大的胸襟。几乎每一个面对冲突的人都面临着对他的幽默感的严峻考验,而只有很少的人能够经得起考验。

作家冯骥才访问美国时,一个非常友好的华人全家来访,双方相谈甚欢。突然,冯骥才发现客人的孩子穿着鞋子跳到了他的洁白的床单上,这是非常令人不愉快的事,恰恰孩子的父母并没有发现这一点。冯骥才的任何表示不满的言辞或表情,都可能导致双方的尴尬,这时钝化攻击性和让孩子从床上下来是同样必要的。

幽默感帮了冯骥才的大忙。他非常轻松愉快地对孩子的父母亲说:

"请把你们的孩子带到地球上来。"主客双方会心一笑,问题圆满地解决了。

从语言的运用来说,冯骥才只玩了个大词小用的花样把"地板"换成了"地球",整个意味就大不相同。地板是相对于墙壁、天花板、桌子、床铺而言,而地球则相对于太阳、月亮、星星等天体而言。冯骥才一用"地球"这个概念,就把双方的心灵空间带到了茫茫宇宙的背景之中。这时,孩子的鞋子和洁白的床单之间的矛盾就显得淡化了,而孩子和地球、宇宙关系就掩盖了一切。在运用钝化攻击幽默法时,你首先要有原谅攻击对方的心理,不然就无法发挥你的幽默感。

有一家住户,水管漏得厉害,院子里已经积满了水。修理工答应马上就来,结果等了大半天才见到他的身影。他懒洋洋地问住户:"大娘,现在情况怎样啦?"

大娘说:"还好。在等你的时候,孩子们已学会游泳了。"

这位大娘虽然说是太夸张了,但钝化攻击的锋芒,淡化了对修理工的不满攻击。要是大娘没有原谅修理工的心理,直接斥责,如若修理工性格不好,定会扭头而去。这里,修理工在笑的同时定有心愧之感。所以,钝化攻击幽默之法在人际交往中的作用非同小可。

幽默的大忌乃是敌意或对抗,幽默的作用产生在避免冲突、卸除心理重负之时,但是这不是说一旦面临敌意和冲突,幽默的力量就注定了自行消亡,这要看幽默的主体是否有足够的力量,帮助你从凶险的冲突、怨恨的心理、粗鲁的表情和一触即发的愤怒中解救出来。

与尴尬玩笑挥挥手

我们都知道"狼来了"的故事。那个玩童头两次的大声呐喊"狼来了。"让忙碌着的父老乡亲跑得气喘吁吁,结果却落了个空。这种玩笑岂不让人尴尬,与此玩笑类同的还有"一笑倾人城,再笑倾人国"这一典故的由来。此话讲的是中国古代的大美人褒姒,她是周幽王非常宠爱的妃子。周幽王轻信了她的话竟玩了个"烽火戏诸侯"的把戏,结果让诸侯们深感尴尬,以致最终亡国。由此典故,你是否知道周幽王为什么叫幽王呢? 大概是他想自封为"幽默之王"吧。

与中国古代的周幽王相比,远在太平洋彼岸的美国前总统里根也不逊色。他也因不适当的场合展示所谓的幽默感而造成了严重的后果。

里根有一次在国会开会前,为了试试麦克风是否好使,张口便说:"先生们请注意,5 分钟之后,我将宣布对苏联进行轰炸。"此语既出,顿时全场哗然。里根在错误的场合和时间之下开了一个极为荒唐的玩笑。为此,苏联政府提出了强烈抗议,令美苏局面尴尬。

展示幽默感不仅要注意场合,同时,还要挑选好对象,幽默的语言犹如音乐是给会欣赏音乐的人听的,找错了对象难免会造成谈话双方的难堪。

一次,有位男士见穿着一身漂亮的新衣服上班的女同事,便想幽她一默,说:"今天准备出嫁?"这其实是一种夸赞,只不过话说得直接了些,调侃了些,可是,这位女同事却误解了他的意思,听后怒不可遏拍案而起:"你骂人! 难道我离婚了,难道我丈夫不在了?"接着又来了一大串的谩骂。

开玩笑若不认对象,不顾虑到对方的尊严,只会使对方太难堪了,亦非幽默之道。你笑你的同学考试不及格,你笑你的朋友怕老婆,你笑你的亲戚做生意上了当而蚀本,你笑你的同伴在走路时跌了跤……这些都是需要同情的事件,你却为之取笑,不仅使对方难以下台,且表现出你的冷酷。同样地,你也不能拿别人的生理缺陷来做你开玩笑的资料,如斜眼、麻面、跛足、驼背等等,别人不幸的,你应该给予同情才是。如果在谈话中的人,有一位是生理上有缺陷的,在谈话中,最要避免易使人联想到缺陷方面去的笑话。

一天,几个同事在办公室聊天,其中有一位张小姐提起她昨天配了一副眼镜,于是拿出来让大家看看她戴眼镜好看不好看。大家不愿扫她的兴,都说不错。这件事使老王想起了一个笑话,便立刻说道:"有一位老小姐走进皮鞋店,试穿了好几双鞋子,当鞋店老板蹲下来替她量脚的尺寸时,这位老小姐(我们要知道她是近视眼)看到店老板光秃的头,以为是她自己的膝盖露出来了,连忙用裙子把它盖住,立刻她听到一声闷叫:'混蛋!'店老板叫道:'保险丝又断了!'"此笑话一出,引起办公室一声哄笑。熟料事后,竟从未见到张小姐戴过眼镜,而且碰到老王再也不和他打一声招呼。

这其中的缘由,你不难明白。说者无心,听者有意,在老王来想,他只联想起一则近视眼的笑话。然而张小姐则可能这样想:别人笑我戴眼镜不要紧,还影射我是个老小姐。我老吗?上个月我刚满25周岁!

表现幽默感不是不分场合、不分对象,胡乱调侃,而是要遵循一定的规则。像上例中老王开的玩笑,就没有把握幽默的火候,严重地伤了张小姐的自尊,因此这种玩笑大可不必开。

与人交谈、适度、得体地开个玩笑、幽默一下,可以使周围的人松弛自在,并能营造出适于交际的轻松活跃的气氛,这也是具有幽默感的人更受人欢迎的原因。可是,假若我们没有掌握好幽默的尺度或玩笑过度,不但达不到好的效果,还会让人尴尬,这样的玩笑不如不开。

休拿肉麻当有趣

一提到"肉麻"二字，人们往往联想到"性"。性是个敏感的话题，又是一个人们感兴趣的话题。革命导师恩格斯在19世纪80年代曾指出过这样一个事实："性爱特别是在近800年间获得了这样的意义和地位，竟成了这个时期中一切诗歌必须环绕着的轴心。"近年来，我国的文学作品、影视艺术涉及性的，更是不胜枚举。退一步说；人们在日常生活交往中，性也是一个躲不开的话题。就连两千多年前的孔老夫子都感叹："吾未见好德如好色者也。"然而由于"性"的特殊敏感性，大多数人对此讳莫如深。谈性的时候，小心为好，慎重为佳，时机、对象、分寸都要掌握得恰到好处，不然就会产生较大的负面效应。尤其在新婚闹洞房时，对性的话题要点到为止，一旦踏响性的雷区，不仅让人觉得肉麻，还会使后果不堪设想。

我国古人讲的四大喜事是："久旱逢甘雨，他乡遇知音，洞房花烛夜，金榜题名时。"这"洞房花烛夜"是众所皆知的人生一大喜，不但新人眉飞色舞，亲戚朋友也是笑逐颜开，人们在祝贺送礼之外，总是喜欢和新人开玩笑。恕我直言，不少人最开心的玩笑，就是带有性色彩的玩笑。老一辈人留下了"三天无大小"的习俗，长幼、亲朋、男女之别被打破了，再加上喝几杯酒壮胆，嘴就没了遮拦，不由自主，污言秽语如下水道堵了直往上冒。

我就亲眼见到过一个人，在为新人祝贺时说："在你们'性'生活开始的时候，我要为你们献上一首诗。"马上有人插科打诨说："是新生活，不是性生活。"那位还趾高气扬地说："我普通话说得不好，'新'和'性'不分，不过，只要大家'知我意'就行！"他献上那诗的内容更是老妪喝粥——无耻（齿）下流，肉麻之至。羞得一对新人恨不得找个地缝钻进去。此时，新郎的弟弟气不过，骂了声"放屁"，抡起了拳头。若不是人们及时拉开，一定会酿成大祸。类似的玩笑就太过分了,这样的玩笑应马上送进"回收站"里去;开这样玩笑的人也应自省。尊重新人的人格是开有性色彩玩笑的前提。不伤大雅,点到为止,往往还能增添一番情趣。比如一群小姐妹去看结婚不久的好友,临别时新郎新娘一再挽留多坐一会儿,其中一位女孩说:"挺晚的了,别耽误你们休息。"说得其他小姐妹哄堂大笑,打着闹冲着出了新人的家。新郎新娘不但不会反感,还会有一种说不清的情愫涌上心头。

含羞中夹带幽默的意味,不仅会给人带来轻松愉快之感,而且还会让人对说者深感敬佩,认为说者够品位。所以,我们在现实生活中,对于那些与言情有关的话不得不说时,一定要管好自己的口,说出那些既不肉麻,又有分量的话。

在一次国内美术展览中,一对夫妇共同去观看。当他们面对一张仅以几片枫叶遮着的漂亮裸体女像的油画时,那位丈夫被那画中女像美丽的玉体吸引住了,久久不想走开。妻子非常生气,但在众人面前不便发火,便过去拍拍丈夫的肩膀,风趣地说:"先生,您是不是想站到秋天,等到树叶落下时才甘心啊?"看!这位"嫌"妻一语即出,不痛不痒,让丈夫深感自己失态,心里肯定会下决心,一定要检点自己的言行。

健康、风趣的幽默作品自然受大家欢迎,也易让人接受。正如英国著名戏剧家莎士比亚说指出的,这是智慧的闪现。同样,法国作家雷格威更断言,幽默法的正确使用是比握手更进步的大文明。然而,生活在我们身边的有些人开了一些除了我们前面所提污秽、令人肉麻的玩笑外,那些低级粗俗的幽默的做法也不可取。例如:一个陪客突然放了一个屁,他自己也红了脸,但立刻想法子去掩饰,就连续用手磨皮椅发出声音。而另一位客人却接着说:"还是第一声比较像。"像这类低级庸俗的话也算是幽默吗?所以,在幽默的过程中我们应尽量避免不洁和不雅的内容和形式出现。

那么,对幽默的语言中不雅的内容,就毫无办法吗?这也未必,其中关键是一个尺度的把握,如果人们越过事物的表层,很快就进入"言外之意"的意境里,就会收到一种含蓄的效应。

在一个新同事聚会的场所中,大家的自我介绍都已经结束,主持人对一位姗姗来迟的人说道:"请你也做个自我介绍吧!"这位迟到的同事站起来，不慌不忙地以深沉的表情开口说道："非常抱歉！我迟到了，因为刚刚在外面我被撞了。"瞬间，听众的脑际闪过疑问。大概是车祸，于是目光集中在他身上，等待他说出究竟。

"……说来话长，其实我是和狗相撞了。"

众人被这出乎意料的解释逗得大笑起来。虽然是短短的几句话，却一下子吸引了众人。

"其实我和狗很有缘分……我是养狗协会的会员，并且我的名字叫'杨苟'，是'一丝不苟'的'苟'。"

顿时，全场又是一阵更热烈的笑声和掌声。

这位叫"杨苟"的人，在数十秒钟之内，用其幽默诙谐的话语，既作了自我介绍，又不让人觉得庸俗地避了"杨苟"与"洋狗"同音之嫌，这种幽默法的作用达到了十分惊人的成功的效果，还给大家留下了非常深刻的良好印象。

魔力悄悄话

幽默艺术作为一种特殊的语言艺术，可给人们带来笑声，让人们体味到另一种生活，让人们笑得开心，更活得开心。所以，我们绝不要小看了幽默的作用，并且在进行幽人一默时，要注意多说些健康的或者具有哲理意义的言辞，摒弃那些庸俗、肉麻的话题。

尊重隐私　善待玩笑

每个人都有自己的秘密,都有一些压在心里不愿为人知的事情。在同事之间的闲聊调侃中,哪怕感情再好,也不要去揭别人的短,把别人的隐私公布于众,更不能拿来当作笑料。

中国有句老话叫作"祸从口出"。为人处世一定要把好口风,什么话能说,什么话不能侃,什么话可信,什么话不可信,都要在脑子里多绕几个弯子,心里要有个小九九,正所谓害人之心不可有,防人之心不可无。

某茶馆老板的妻子结婚两个月,就生了一个小孩,邻居们赶来祝贺。老板的一个要好的朋友吉米也来了。他拿来了自己的礼物——纸和铅笔,老板谢过了他,并且问:

"尊敬的吉米先生,给这么小的孩子赠送纸和笔,不太早了吗?"

"不",吉米说,"您的小孩儿太性急。本该九个月后才出生,可他偏偏两个月就出世了,再过五个月,他肯定会去上学,所以我才给准备了纸和笔。"

吉米的话刚说完,全场哄然大笑,令茶馆老板夫妇无地自容。

调侃他人的隐私是不对的,上例中吉米明显道出了茶馆老板妻子未婚先孕的隐私,这样令大家都处于尴尬的局面。

所以说,调侃时说出了他人的隐私,有时是处于言者无意,但听者却有心。他会认为你是有意跟他过不去,从此对你恨之入骨。他做的事别有用心,极力掩饰不使人知,如果被你知道了,必然对你不利。如果你与对方非常熟悉,绝对不能向他表明你绝不泄密,那将会自我麻烦。最好的办法是假装不知,若无其事。在这方面,下面的故事中小李就做得好。

小方在上海某大学读书时与小王产生了爱情。毕业后,终因地理原因,小王割断了他们的爱情线。小方曾因此大病一场,两年后,小方经亲友介绍认识了小李,并与小李结了婚。于是,小方与小王的那些恋爱史就成了小方心里的"情感隐私"。可事也凑巧了。婚后第五天,在小李回娘家时,小方接到了小王寄来的一封信,信的大致内容是,小王现在已醒悟到地理因素对爱情来说已是微不足道了。她发现小方在她心中已到了谁也不能取代的地步。并且她要到这个城市来找小方,希望他们和好如初。

这时,小方的眼睛模糊了,眼前的小李恍惚变成了小王。于是买了一瓶白酒,独自品尝苦酒。

小李提前从娘家回来,发现丈夫酩酊大醉地倒在床上,枕边搁着一封信。看了信,她无声地哭了。去谴责小方吗?替小方设身处地地想一想,她能理解他的懊悔和痛苦。如果当初他锲而不舍地追求,何至于造成今天的痛楚?而现在,小方既负有对这个新家庭不可推卸的义务和责任,又对远方的小王怀有至死不泯的爱。该诅咒小王吗?她可是不知道小方的近况呀;作为女人,小李更能体谅小王的苦衷。小李把信放回原处,替丈夫盖好被子,默默地在他身边坐了好久,好久。

小李知道了丈夫的"情感隐私"后,便更加温存体贴,关心小方,从不当面揭穿小方的"秘密"。几天后,小王真的上门来了。小李热情地接待她,并备好一桌丰盛的午餐招待小王。饭后,她又借口要去上班离开家,好让这对旧恋人有机会好好谈谈。望着妻子疲倦的面容,小方的心深深地感动了。他明白妻子的一片心意。而此时的小王在小李的身影完全消失了的时候,感激地对小方说:"你有一个多好的妻子!"

之后,小王在小方夫妇的热心帮助下,终于找到了一个如意郎君。

在现实中,正人君子有之,奸佞小人有之;既有坦途,也有暗礁。

心理学家研究表明:谁都不愿把自己的错误和隐私在公众面前"曝光",一旦被人曝光,就会感到难堪而愤怒。因此,在与人交往谈话中,如果不是为了某种特殊需要,一般尽量避免接触这些敏感区、免使对方当众出丑。必要时可采用委婉的话暗示你已知道他的错处或隐私,让他感到有压力而不得不改正。知趣的、会权衡的人须"点到即止",一般是会顾全双方的脸面而悄悄收场的。当面揭短,让对方出丑,说不定会使他人恼羞成怒,或者干脆耍赖,出现很难堪的局面。至于一些纯属隐私、非原则性的错处,还是那种方法:装聋作哑,千万别去追究。

魔力悄悄话

　　在复杂的环境下,不注意说话的内容、分寸、方式和对象,往往容易招惹是非,授人以柄,甚至祸从口出。因此,说话小心些,为人谨慎些,使自己置身于进可攻、退可守的有利位置,牢牢地把握人生的主动权,无疑是有益的。一个乱侃他人隐私、乱揭他人伤疤的人,会显得浅薄俗气、缺乏涵养而不受欢迎。

第八章
为心灵洗个澡

　　我们每天都要为身体洗澡，洗去体表的污秽，换来一个清爽洁净的身体。曾子曰："吾日三省吾身"，省悟就是给心灵洗澡，及时清理心中的污垢，换来一个清澈明亮的心境，于是每周五晚饭后，我们全家三口人就要开一个小小的家庭会议，自我分析、解剖、小结一周的情况，给心灵洗个澡。其实生活没变，岁月没变，变得是我们自己。我们也要经常给心灵清洗，保养，使它保持着敏感，年轻，富有激情，让它在生命的每个阶段，都能感受到不同的美丽和魅力，让我们能感受到生活赐予我们的幸福和乐趣。

给心灵"放假"

　　人之心田如同居室房间,有开阔狭仄之分,有烦闷宜人之别,因此需要经常整理,清扫,取舍,不要给自己建造烦恼与痛苦的牢笼,不要积存浮华与虚荣的负担。

　　若要让内心永远散发快乐的芳香,就要经常耕耘自己的心田,除去昨日的杂草,清理积压的污染物,要学会给心灵松绑,让心田纯正,永远保持清爽愉悦的气息,方可气平神清,快乐无限。

　　一个朋友在工作之余,参加某大学的培训课。课堂上,教授问:什么是你们心目中的人生美事? 同学们不假思索地争先恐后地说:健康、才能、美丽、爱情、名誉、财富……

　　教授不以为然地摇着头,说:"你们忽略了最重要的一项。没有它,即使得到上述种种也会给你带来可怕的痛苦。"

　　接着,教授在黑板上写下:给心灵松绑,还心灵一条自由通道。

　　当时,她和其他同学一样曾怀疑这几个字是否真的如此雷霆万钧。终于,几年来的生活让大家感觉到:心灵的自由,是全然不蹈人旧辙、用自己的心灵去感受的一种超然的境界! 真正感觉到其中的真意,是她的一次郊游。

　　周末,她到远郊的山林去散心。低头走着的她,突然觉得路旁草丛中有什么东西在闪。

　　于是她蹲下拨开草丛,原来杂草丛中有一朵悄悄开放的叫不出名字的小花。

　　想不到在杂草掩盖中还有悠然绽放的别致,她爱惜地凑近闻闻,竟散发出一股淡淡的幽香。

在无人记起的角落,这样被清风所牵,月影所照,怡然自得地开放着,不管人们是否看见,也不管阳光雨露是否惦念,都是一副悠闲自得的模样。琼看得出了神,几乎忘了自己还独自在山中。

返回途中已是夜色浓郁,她心中还飘散着那朵小花的清香。回味着山中人们那从容安详、超然物外的气度神态,她想他们那种超物乐天的幸福别人也无法领会和享受,那种心灵的自由自在,不就是清风月明之下不经意发出的一股人生的香味吗?

此后,她才真正理解了为什么才华横溢的教授抛却繁多的名誉和春风得意的仕途经济,唯独选择心灵的自由作为人间最美好的事。

"把尘世的礼物堆积到愚人的脚下吧,请赐给我不受烦扰的心灵!"的确,超物乐天,给心灵一条自由通道,这是命运之神对特别眷恋的人们的最高奖赏!

超物就是淡泊。淡泊者,快乐着。自古至今,能够做到淡泊,并把其当做自己一生操守的人,他们的精神,大都为世人所称道。

当代的杰出文史大家钱钟书先生,学贯中西、博古通今,在世时曾以《围城》《管锥编》《谈艺录》《槐聚诗存》等著作享誉中外。当时,据说杂文家舒展先生称他为"文化昆仑"。但他坚决反对并说:"昆仑山把我压扁压死了。"

他谢绝一切名誉,也看淡钱财,并幽默地说:"我姓钱,所以不太对它顶礼膜拜。"只是一味埋头专心做学问,这不正是他淡泊名利精神的体现吗?

在紧张忙碌的生活中,在人生漫长的旅途中,每个人都有身心疲惫的时候,每个人都需要不断给心灵松绑,以憩息身心。因为一个发条上得十足的钟表不会走得太久,一丝绷得过紧的琴弦往往容易断,当我们感到疲惫的时候,请让自己稍做停留,扔掉身上的虚荣浮华和心头的无谓负担,不要一路上背着沉重的心理包袱,不断的焦虑、恐惧、愤懑、后悔……

从昨天的风雨里走来,每个人都会有这样那样的际遇,适时地调整自己,给自己的心灵松松绑,放下过去的一切,不管是美好的成就,还是令人不快的过往,然后,你才能带着一颗快乐的心开始自己新的旅程。从而给心灵一条自由通道,获得心灵的充实、丰富、自由、纯净,回归到本真状态,打开人生快乐幸福之门。相反,世上的名利财物,就是永不停息、永无止境地去追求和索取,也不会有满足的时候,它还可能会给你带来无尽的坎坷和烦恼。

超物乐天,心存淡泊,就能对人对事平和、豁达,不做世间功利的奴隶,不为凡尘中烦恼所左右,使自己的人生不断得以升华。

发泄心中的不满

　　刚买了不到一个星期的新手机被偷了,在公司无缘无故被老板臭骂了一顿,跟同事庆生晚归被老公数落了一番……所有郁闷的事都挤一块了,压得你喘不过气来,这是很多人都遇到过的事情。

　　担任办公室主任的王先生,一向脾气温和,从不在他人面前流露任何不稳定情绪。前几天,他在工作中遇到些不顺心的事,虽然主要责任在对方,但还是受到了不明真相的老总的批评。王先生的委屈一直闷在心里,连续几天挥之不去,又不好意思发泄出来。好几天,王先生都感觉有些胸闷、气短和头晕。他到医院去检查,医生发现他的血压有些高。王先生想,自己对养生之道烂熟于心,并且每天坚持锻炼身体,可疾病怎么还是光顾了自己?

　　医生认为,可能与王先生这几天心情不好有关。当人们遇到令人烦恼、怨恨、悲伤和愤怒的事情,又强行压抑自己的情绪时,往往会影响健康,尤其是易使血压升高。王先生出现的这种症状,主要是因为他的心情过于压抑,导致血压升高。

　　性格内向、不善于发泄自己情绪的人,除了易出现血压高以外,还会引发神经衰弱、抑郁症和消化性溃疡等疾病。

　　我们生活在一个竞争的社会,现实的残酷让我们不得不迎合社会的节奏违心地遵循我们认为并不合理的社会法则。我们别无选择,也没有机会选择,想做回真实的自己真的很难。偶尔闲暇的时候,又可能会被繁杂的生活琐事搅乱你愈加疲惫。于是,浮躁、自失、迷惘统统找上了我们!

　　小周大四毕业后应聘到了一家律师事务所的助理工作,开始了忙碌的上班生活,平时周一至周六投入到紧张的工作中,由于在学校学习的内容扎实,工作比较容易上手,人生向着自己理想的生活状态进发,可是看到前辈们天天加班,生活中唯一的事情就是工作,对她造成了很大的压力,她也强迫自己加快了生活的节奏,时间一长,工作占据了她的整个生活。快节奏的生活提高了她的物质生活,可是她的状态越来越差,再也找不到一点活泼、开朗的影子了。

一个人的一生就像攀登一座高山一样,如果你一直不停地攀登,希望早点登顶,而忽略了沿途的风景,那么当你到达顶峰时,也意味着你的人生即将终结。如果你能一边攀登,一边欣赏沿途的美景,那么你虽然爬得慢,你却体会到了异样的风情。

现代生活的节奏太快,人们除了每天要马不停蹄地奔波外,高速运转的大脑也没有一刻的空闲,真是太累了。

当快节奏的生活成为生存所必须适应的模式时,也许在人们的心中,对舒缓而安逸的生活早已是非常渴望了,因此"慢生活"的概念一出现,便迅速受到人们关注。

"慢生活"最早是在 1986 年由意大利人发起的,开始时只是为了抵制席卷而来的美式汉堡,保护富有民族特色的当地食品,后来发展成一种"慢生活"——放下速度,重新发现新的可能。现在,这种"慢生活"已经影响了45 个国家,成为一种国际时尚。

"慢生活"的概念如今正在不断延伸,去年深圳曾出现以"慢城市"概念招来大型楼盘的现象。除了"慢城市"之外,还有"放慢时间协会",会员手拿着秒表,观察街上走过的人,若发现有人在不到 30 秒钟时间内走过 50米的路程,他们就会把他叫住,问其原因……

如今,沉浸在职场快节奏中的都市白领,他们的职业生活忙碌而快速:为了不迟到,他们步履匆匆;为了赶时间,他们在快餐店里狼吞虎咽;为了不错过客户和老板的召唤,他们的手机 24 小时开机……他们每天都在与时间赛跑,脑海里只有"快一点,再快一点"的概念。

美国著名心理学家约翰·列侬说:"当我们正在为生活疲于奔命时,生活已经离我们而去。"无休无止的快节奏工作给都市白领带来丰厚物质回报的同时,也给他们带来了心灵的焦灼、精神的疲惫以及健康的每况愈下,这些"和时间赛跑的人"终于发现，眼前的"快"已使自己离健康的生活和生命的本质越来越远。于是，有的人开始静下心来读一些"心灵鸡汤"之类剖析情感、体验生活的文字；开始推掉一些可以放弃的应酬早早回家；开始把周末留给自己与家人。

庄子曾说："吾生而有涯，而知也无涯。"人的时间、精力、健康、生命都是有限的，即使是事业取得了巨大成功，也不可能代替人性的需求和家庭的价值。我们既要努力工作，也要享受生活。尽管不是每个人都能富足到可买下岛屿尽享余生，然而这份慢生活的心态是每个人都可以拥有的。

早晨醒来，睁开眼睛后，你做的第一件事是什么？是感受清晨的空气？是慵懒地伸伸腰？还是立刻拿起手机看看现在几点了？或许你的回答和多数现代都市人一样：看时间。我们习惯性地永远都在赶时间，永远觉得时间不够用，觉得网速太慢，觉得前面的车开得不够快，觉得还有好多事情没有做完。

资深撰稿人吴哲曾和许多崇尚快节奏工作和生活的人一样，信奉"时间就是生命，效率就是金钱"的理念。十几年后，他的事业取得了成功，但由于长期的职业压力，他的生活也发生了彻底的改变。写文章从来都是有了想法就绝不隔夜，以至于经常有博友看到他总是在后半夜发出的博文时，会好意地留言劝他注意休息和健康。但是，他总是"恶"习难改。随着自己年龄的增长，健康每况愈下，明白了很多真正的人生道理，但是"开弓已无回头箭"。

一次，吴哲同一位作家就"活着的意义"进行了一次专门的"闲聊"，其中最大的共识点就是：如果时间可以倒流，谁都会毫不犹豫地选择用今天的一切，去换回一贫如洗但无忧无虑的大学时光。

"这几天太忙了！"这几乎成了现代人永远的"口头禅"。如果"永远"都是"这几天太忙了"，这将是一个多么可怕的事情。匆忙的脚步不但让我们透支着健康，而且让我们也忽略了身边一切美好的事物……忙碌的工作不仅剥夺了我们细细品味生活之美好的权利，压力更让身心疲惫的我们变得日益粗糙和缺乏关怀——更可怕的是，明知再这样急匆匆地走下去，就只剩下"万丈深渊"一条不归路，可我们还是要硬着头皮找到"人在江湖，身不由己"等诸如此类借口。

在我们生活的这个"疑似现代化"的时代,世界就像是一个巨大的未知终点的车站,每个人都在心神不定地赶往下一站的路上,但下一站也许是"天堂",也许就是"地狱",更何况也许根本没有下一站,那又何不让我们的脚步慢下来呢?

"慢"有时不仅是一种品味,更是一种品质;而"快",则常常意味着速度和粗糙。所以,我们还是让脚步慢下来吧!

"慢"是一种态度,更是一种能力——慢慢运动、慢慢吃、慢慢读、慢慢思考……所有这些"慢生活"与个人资产的多少并无太大关系,只需保持一种平静与从容的心态。

现在的人们,总是为了生存而忙忙碌碌,每天穿梭于熙熙攘攘的都市丛林中。这样的生活没有了休闲的惬意,也失去了身心的健康。为了家人,为了工作,请真心真意爱自己、接纳和关心自己。放慢你的生活节奏,给自己的心情放个假,用心领略一下身边的风景吧!

嫉妒毁灭的力量

有一个俏皮的说法："有一种性格,有的人都自认为没有,那是嫉妒;还有一种性格,没有的人却都自认为有,那是幽默。"

奥地利心理学家赫·舍克为了研究嫉妒,甚至写出一本厚厚的学术专著。哲学家弗兰西斯.培根对于嫉妒也曾有过精当的见解,关于嫉妒的近距原则,阐述尤其深刻。比如,比尔。盖茨用打一个喷嚏的时间赚到的钱,也许超过有的人在电脑前的 30 年耕耘,拳王泰森一次拳赛的出场费,可以支付大约 30 个诺贝尔文学奖获得者的奖金,但对此有些人从来没有一丁点感受,内心全无波澜。因为他们离自己很远,然而假如邻居今天居然中大奖了,虽然我们邻里关系不错,或许也从无买彩票的习惯,但我们能按捺住内心的嫉妒吗? 不能,于是或许我们会向他表示了最热烈的祝贺。你当然知道,《魔鬼辞典》的作者安·比尔斯早就以他特有的刻薄告诉我们,"祝贺",只是"一种有礼貌的嫉妒"。

忌妒是一种普遍的社会心理现象,是指自己的才能、名誉、地位或境遇被他人超越时,所产生的一种由羞愧,愤怒,怨恨等组成的情绪体验。古希腊斯葛多派的哲学家认为,忌妒是对别人幸运的一种烦恼。从这句话可以看出,忌妒有明显的对抗性,这种对抗表现为攻击性,攻击的目的就是要颠覆被忌妒者的形象或者幸运。

有一只老鹰常常忌妒其他老鹰飞得比它高。有一天,它看到一个带着箭的猎人,便对他说:"我希望你帮我把在天空飞的老鹰射下来。"猎人说:"你提供一些羽毛,我才能把它们射下来。"这只老鹰于是从自己的身上拔了几根羽毛给猎人,但猎人没有射中其他的老鹰。于是它一次又一次地提供身上的羽毛给猎人,直到身上大部分的羽毛都拔光了。猎人转身过来抓住它,把它杀了。

心胸狭窄者之所以避免不了失败的结局,就在于他们存心不良,因忌妒而扭曲了他们的心态。他们不愿别人超过自己,而且,当自己倒霉之时,也希望别人没好日子过,他们甚至为了达到某种目的而伤人害己。

忌妒心理危害人们的身心健康。《黄帝内经·素问》明确指出:"妒火中烧,可令人神不守舍,精力耗损,神气焕失,肾气闭塞,郁滞凝结,外邪入侵,精血不足,肾衰阳失,疾病滋生。"心理学家弗洛伊德曾经说过:"一切不利影响中,最能使人短命夭亡的,是不好的情绪和恶劣的心境,如忧虑和忌妒。"

《酉阳杂俎·诺皋记上》载有著名的"妒妇津"的故事:相传刘伯玉妻段氏忌妒心非常强。刘伯玉曾经称赞曹植在《洛神赋》中所写洛神的美丽,段氏听到后,气愤地说:"君何以水神美而欲轻我? 我死,何愁不为水神?"后来真投水自杀。于是后人将她投水的地方称为"妒妇津",相传凡女子渡此津时均不敢盛妆,否则就会风波大作。这个故事反映了人类社会普遍存在着的忌妒心理。那么,忌妒心理有哪些基本特征呢?

1.忌妒的产生是基于相对主体的差别

这个相对主体即忌妒主体指向的对象,既可以是具体人,也可以是某一现象,亦可以是某一集体或群体,如单位与单位、家庭与家庭之间的忌妒。相对主体的差别既可以是现实的客观差距,比如财富的差距;也可以是非物质性的差距,如才能、地位的差别;亦可以是不真实的幻想出来的差距;还可以是对将来可能会遇到的威胁和伤害的假设,如上级对于下级才能的忌妒。

2.忌妒具有明显的对抗性,由此可能引发巨大的消极性

忌妒心理是一种憎恨心理,具有明显的与人对抗的特征。忌妒心理的对抗性来源于比较过程中的不满和愤怒情绪,而且,这种对抗性常常带来对社会的巨大危害性。1991年北京大学原物理系高才生卢刚在美国爱德华大学枪杀四名导师和一名同学后自杀身亡,其原因就在于此。

3.忌妒心理具有普遍性

忌妒是一种完全自然产生的情感,古今中外,没有哪个社会和国家的

居民完全没有忌妒心。在社会现实生活中,我们也经常一旦看到别人比自己幸运,心里就"别有一番滋味"。这"滋味"是什么呢?就是忌妒心理的情绪体验,我们每个人都会有这种经历。

4.忌妒心理具有不断发展的发泄性

发泄性是指忌妒者向被忌妒者发泄内心的抱怨、憎恨。一般来说,除了轻微的忌妒仅表现为内心的怨恨而不付诸行为外,大多数的忌妒心理都伴随着发泄行为。并且,这种发泄的欲望具有无法轻易摆脱的顽固性。培根曾经幽默地引用古人的话说:"忌妒心是不知休息的。"忌妒是同私心相伴而生、相伴而亡的,只要私心存在一天,忌妒心理也就要存在一天。

此外,忌妒心理的产生还有几点值得注意:忌妒是从比较中产生的,其必涉及第三者的态度;地位相等、年龄相仿,程度相同的人之间最可能发生忌妒;出现忌妒心理还与个人的思想品质、道德情操修养有关。

弗洛伊德在其著名论文《忌妒、妄想狂和同性恋中的某些精神机制》中把忌妒心理划分为三种层次,即正常型、投射型和妄想型。弗洛伊德的忌妒心理层次的划分主要是针对性爱来分析的,有其局限性。我们可以借助于它所涉及的一些心理机制和因素,进行相对来说可能更为合理的层次分析。

1.难以为人所察觉的潜意识忌妒心理

广泛地存在于人类心灵中的忌妒心理,是忌妒心理的第一层次,也可称为原初层次。这一层次的忌妒心理往往深深地埋藏在人的潜意识中,很难被人觉察到,即还没有形成一种自觉意识。这种忌妒心理对人的心理激活作用很微弱,一般不会产生什么严重后果,但这种心理因素存在非常普遍,因而应当特别引起注意。处于潜意识忌妒心理层次的人,其忌妒心理是羡慕、竞争、忌妒等心理因素的自然积淀的混合体。有时我们面对同学或朋友的不断取得的成功会"隐隐"感觉不舒服,这种"隐隐"的感觉,其实就是一种潜意识忌妒心理。

2.需要及时控制的显意识忌妒心理

显意识忌妒心理是指忌妒心理由潜意识进入显意识,由无意识(或下意识)到有意识。其主要标志是忌妒心理的指向性和发泄性明显化,不再把忌妒心理深埋在潜意识中,而是自觉地显露出来。其具体行为是对被忌妒者进行挑剔,或散布对其不利的言论。严重者则是对被忌妒者进行人身攻击或诬陷、诽谤,使被忌妒者感到压力或痛苦,而忌妒者则以此求得心理平衡和满足,或达到一定的目的。我们常常会遇到这样一种情况:某个人一旦成名或取得了某项成果,就会有很多闲言碎语或直接人身攻击出现。这可能就是"树大招风"的原因所在吧。

3. 危险的变态忌妒心理

当忌妒心理超出一般心理层次再深入发展时,就进入变态忌妒心理层次中。进入这一层次的忌妒心理主要有两种表现形式,一种是忌妒者更加猖狂地向被忌妒者进行攻击,表现出种种损人利己的卑劣行为;另一种忌妒者则是变成一种无事不忌妒的人,甚至本不该忌妒的事也要忌妒。

忌妒是一种有害的情感,在特定的条件下便以各种消极的情绪、情感和有害的行为表现出来,并化为种种邪恶的力量,造成一些无可挽回和令人痛心的危害。因而,我们要自觉地从根本上防止和化解忌妒心理,浇灭心中忌妒之火。去除这颗毒瘤的良方有以下内容。

1. 自我认知,客观评价自己和他人

"金无足赤,人无完人",一个人不可能万事皆通,样样比别人好。要接纳自己,认识自己的优点与长处,也要正确地评价、理解和欣赏别人。在忌妒心理给自己带来烦恼与不安时,不妨冷静地分析一下忌妒的不良作用,同时正确地评价一下自己,找出一定的差距,做到"自知之明"。只有正确地认识了自己,才能正确地认识别人,忌妒的锋芒就会在正确的认识中钝化。

2. 开阔心胸,宽厚待人

诺贝尔文学奖获得者伯特兰·罗素在其《快乐哲学》一书中谈到忌妒时说:"忌妒会使人走向死亡与毁灭。要摆脱这种忌妒,寻找康庄大道,文明人必须像他已经扩展了的大脑一样,扩展他的心胸。他必须学会超越自我,在超越自我的过程中,学得像宇宙万物那样逍遥自在。"开阔心胸,宽厚待人,正确地看待人生价值,只有这样,你才能摆脱一切私心杂念。

3. 学会正确的比较方法

一般说来,忌妒心理较多地产生于原来水平大致相同、彼此又有许多联系的人之间。看到那些自认为原先不如自己的人超过自己,于是忌妒心油然而生。因此,要想消除忌妒心理,就必须学会运用正确的比较方法,辩证地看待自己和别人。要善于发现和学习对方的长处,纠正和克服自己的短处。

4. 充实自己的生活,寻找新的自我价值

当别人超过自己时,你若是聪明者,就应当扬长避短,寻找和开拓有利于充分发挥自身潜能的新领域。这会在一定程度上补偿先前没满足的欲望,缩小与忌妒对象的差距,从而达到减弱甚至消除忌妒心理的目的。例如,某人虽无真才实学,却善于钻营,官运亨通,成为你的上司,对此,你不应忌妒他,而应发挥自己的专长,在业务上刻苦钻研,精益求精,同样可以令别人刮目相看。

5. 升华忌妒,化忌妒为动力

不管是在学校,还是在工作单位,每个人都要在充满竞争的环境中客观地对待自己,不要把比自己优秀的同学或同事当成与自己有竞争关系的对手,而要当成自己前进的动力。学会赞美别人,把别人的成就看作是对社会的贡献,而不是对自己权利的剥夺或地位的威胁。若将别人的成功当成一道美丽的风景来欣赏,你在各方面将会达到一个更高的境界。

忌妒会让自己道德的天平失衡,忌妒者看不到别人的优点和长处,眼里处处都是别人的毛病,甚至会颠倒黑白,弄虚作假。放下嫉妒,坦然面对别人的成功,从别人的成功中吸取经验,就可以为自己将来更大的成功准备条件。

从另一方面来说,嫉妒是上帝内置于我们心灵里的一个平衡器,用于调整我们的情绪。该平衡器翘向一端时,我们感受到了嫉妒,翘向另一端时,我们感受到了得意。嫉妒与得意都容易使人忘形,但因得意而忘形时,我们浑然不觉,一片舒畅;因嫉妒而失态时,我们浑身冒刺,处处不自在。两者的关系还体现在,我们得意之时,很可能就是另一个家伙嫉妒之日。反过来也成立,我们此时此刻的嫉妒,通常也成全了某位老兄的得意。嫉妒之产生,在于我们内心的平衡器,并非始终能够咬住自然人世的齿轮。

所以,嫉妒是我们无法摆脱的情感,人是命中注定要嫉妒的,时而嫉妒他人,时而被他人嫉妒。

事实上,嫉妒的坏处也并不总是我们说的那么大,只是因为我们天生瞧不惯嫉妒的嘴脸,就像我们瞧不惯蛇蝎一样,但真正被蛇蝎咬上一口的人,则少而又少。打个粗俗而未必不恰当的比方,我以为嫉妒之于人的情感就像放屁之于人的身体,虽然讨厌,但未必无益。据我所知,在社交场合不小心放了一屁后还能泰然处之的人,并不多见,多么有修养的先生,也可能被一个屁弄得灰头土脸。

如何学会与嫉妒相安无事,也是一个漫长的长生课题。人一旦对嫉妒抱着看轻的态度,他往往立刻就会发现,阳光依旧明媚,人间依旧美好。嫉妒,只要不升格为猜忌,危害性非常有限。所以,要把握住嫉妒的界限。

抱怨的人无法前进

整天牢骚满腹的人,至少有三个方面的不智:耽误了个人成长时间;妨碍了个人努力工作获得升迁;把自己的心情搞坏了,对自己施加了消极的暗示,使自己的情绪和能力都向下运行。

最近,在某单位工作的彭建飞非常苦恼,他在单位辛苦工作 20 多年了,也没有混出个名堂来,几次升迁的机会都化为乌有。

这不,单位的小汪也升职了。看起来是多么的不可思议啊!小汪是临时工,新来的,刚刚试用期做完,同一个科室既有大学毕业一起进来的同事,又有在单位做了十几年的"老革命",可领导单单选中了他。

而 49 岁的"老革命"彭建飞,大小的功也立过几次,对单位的贡献也不小,可就是升不上去。他在单位待了 20 多年,工作能力也有,可是目前自己什么也没有,不仅无一官半职,而且工资拿的还是整个单位里最低层次的。

什么原因呢,他也说不清楚,反正最后在民意测验中,总是一票,这一票又是他自己给自己投的。他也很苦恼,不知道是什么原因。

一位即将退休的老同志出于关心,给他透露了一点儿秘密,原来是他爱发牢骚造成的,他发牢骚不分场合、地点、时间、对象,随心所欲,根本不考虑别人的感受。其实很多事情与他没有关系,由于他瞎发表议论,反而把矛头指向了他,惹祸上身,但他自己不知道,还在那里发牢骚呢。

一次,一位同事上班迟到了,领导批评了几句。挨批评的同事没有意见,他却发起了牢骚,说领导管得太严,不体贴群众,不关心群众,反正领导有车坐,根本不知道群众的疾苦,等等。

还有一次,单位组织郊游,大家都说去某地好,可是他发牢骚说那地方是"土老帽"去的地方，什么意思也没有，提出去那地方的人是脑子没开窍。大家听了他的牢骚非常恼怒，对他产生了强烈的反感。

类似这样的情况很多很多，20多年了，他也记不清有多少次了，也不知道都伤着谁了。

单位领导以前也暗示过他不要老是发牢骚，这样影响团结，败坏单位风气，有意见当面提出来，加强沟通就可以了。可是他根本不听领导的话。

几个同事凑在一块儿，最常谈论的就是公司的规章制度，领导的魔鬼管理，还有干不完的活，受不完的委屈。这样的抱怨越多感觉越糟，也是一种不健康的心理表现。

抱怨是一种情绪发泄，有不满情绪时，控制力差的人，就会以发牢骚的方式宣泄自己，以求得心中痛快。如果是偶尔发牢骚，就不必大惊小怪了；如果是经常发牢骚甚至发偏执性的牢骚，就要加以控制了，以防止不良情绪的无限蔓延，干扰我们的正常生活。

怎样避免在工作中发牢骚呢？我们给出如下建议，共大家参考。

1. 抱怨要有度

无论是生活还是工作，遇到不满，抱怨是一种情感发泄的正常行为，但抱怨要有度。在公司里，领导与下属之间很少有相处得非常融洽的，管与被管的关系，注定两个级别之间存在天生的矛盾。作为员工，对工作应该具有较好的执行力，而不是一味地抱怨。

领导分派同样的任务，有的人不抱怨，积极去完成；有的人稍微抱怨之后也会想办法去完成它；而有的人则充满了抵触情绪，不断找各种理由去抱怨，这就是一种消极逃避的行为反应。

找人倾诉抱怨，本来是一件很自然的情绪宣泄方式，但无度地抱怨，不但不能缓解烦恼，反而放大了原来的痛苦，陷入满腹牢骚、抱怨不休的恶性循环之中，于事无补。

衡量抱怨是否过度，主要看抱怨之后的行为，如果抱怨完之后让你心情舒畅并能找到解决问题的方法，那就是有效的发泄；如果只有抱怨而不想怎么解决问题，那就是过度的，需要警惕陷入负面情绪。

对于公司的事情，选对安全的倾诉对象十分重要，否则你的抱怨不仅解决不了问题,反而会让你的情绪变得越来越糟,还会让你在工作中更加被动。

2. 与其抱怨黑暗不如把身边的蜡烛点燃

如果你想抱怨,生活中一切都会成为你抱怨的对象;如果你不抱怨,生活中的一切都不会让你抱怨。要知道,一味地抱怨不但于事无补,有时还会使事情变得更糟。所以,不管现实怎样,我们都不应该抱怨,而要靠自己的努力来改变现状并获得幸福

当你抱怨孤独的时候,你想过在雪山站岗的士兵吗?当你抱怨感情失落的时候,你考虑过有多少军嫂和警嫂在独守空房吗?当你抱怨贫富悬殊的时候,你想到行走街头的乞丐和从未走出大山的老人和孩子吗?当你抱怨体制不完美的时候,你考虑过在冰天雪地里的建筑工和半夜起来打扫卫生的马路天使吗?

亲爱的朋友们,抱怨生活不如改变生活,抱怨黑暗不如把身边的蜡烛点燃,照亮了自己同时也给别人带来了光明和温暖。

没有一种生活是完美的,也没有一种生活会让一个人完全满意,我们做不到从不抱怨,但我们应该让自己少一些抱怨,多一些积极的心态去努力进取。因为如果抱怨成了一个人的习惯,就像搬起石头砸自己的脚,于人无益,于己不利,就像生活在牢笼一般,处处不顺,处处不满;反之,则会明白,自由地生活着,其实本身就是最大的幸福,哪会有那么多的抱怨呢?

不要让自己成为工作狂

工作狂与工作热情有本质的区别。

美国曾出过一件奇闻，该国圣路易斯的一家农业公司的财会经理比尔，对他办公室里的那古董式橡木写字桌情有独钟，在遗嘱中请求死后"就地"安葬在伴随一生的写字桌下面。

当比尔在写字桌边去世后，同事们为他争取到公司的特许，将他安葬在写字桌地板下 6 英尺的地方。镶在地板上的牌匾上刻着："一名忠诚的雇员安息于此。"

"整整 53 个年头，比尔不是在郊外的小屋里，就是在这儿工作。"秘书文蒂小姐不无伤感，"我仍觉得还会看到他对着财会报表在琢磨着什么。"

比尔终生未娶，只与工作结婚。他于第二次世界大战前夕加入这家公司，随后数十年如一日，从未缺勤。

"他若不上班就成了一个孤独的人，"同事杰克逊回忆说，"他不养宠物，我曾多次想带他去看球赛或电影，可他总是借故推脱。"

像比尔的例子属于比较极端的情况，但现实生活中，"工作狂"的确很多。

文阳是一家公司的总经理，他事业有成，生意做得很大。然而，他有一个除了他自己以外谁也不知道的苦恼，那就是他特怕放假。

文阳是一个工作狂，每天都必须使自己沉浸在紧张繁忙的工作中，好像只有在工作中他才能体验自己的价值，才会有一种人生的满足感。一旦从工作的角色脱离出来，就会滋生出一种孤独感、空虚感。

为此他很不愿有闲暇时间，尤其是怕放假过节，当所有下属都高高兴兴地回家欢享团圆之际，他却为自己不能再运筹帷幄，一呼百应而感到无比失落。

透过文阳的工作狂表现,我们可以发现其背后的实质是在他身上存在着一种"角色固执"的心理障碍:他只能习惯于某一种单一角色的扮演,只能从这一角色中获取心理满足的体验,而缺乏一种灵活变通的角色意识和能力,不能因人、因时、因地、因事来调节自己的角色类别,改变自己的角色行为。于是对他们来说,丰富多彩的生活只剩下了单一的色调。

在节奏快、竞争激烈的社会,工作狂似乎呈现与日俱增之势。过去人们把工作狂的产生归咎于现代社会的快节奏和高竞争,而近来不少心理学专家的研究证实,工作狂的形成还与童年教育息息相关,工作狂中十有八九在童年时代受到父母过严的教育——望子成龙的家长对孩子期望过高,要求孩子样样超过别人,稍有过失便严加批评,如此下去,孩子长大以后便可能成为工作狂。

工作狂是心理失常的反遇,男女皆有,而且人数基本相等。心理学上的分析表明,每个工作狂都有不同的工作动机,比如,他们中的有些人嗜好工作中的挑战性,有的人依赖井然有序的工作来满足被动心态,有的人是想借工作麻痹自己,还有的人则是自卑心态强烈,用工作显示自我的价值,觉得自己高人一等……

那么如何矫正"工作狂"的症状呢?

1. 把工作狂与工作热情区别开来

工作狂与热爱工作有什么不同呢?根据心理专家的解释,一个热爱工作的人,不见得就是工作上瘾;相对地,一个工作上瘾的人,未必就是热爱工作。如果一个人不论吃饭、睡觉、读书、聊天、玩乐的时候,心里还无时无刻不想着工作,就可以肯定这个人是百分之百的工作狂。

所以工作狂与工作热情有本质的区别,前者并不一定能在工作中获得快乐,而只是拼命工作以求"尽善尽美",工作中稍有差错便羞愧难当,焦虑万分,而且往往拒绝别人的帮助;后者热爱工作,并能从工作中获得巨大的乐趣,出现失误也不会懊丧不已,相反,却会聪明地修正错误,重整旗鼓,此外,还善于与同事配合、协作。因此在两者工作量大致相同时,后者的工作质量比前者高。

2. 转变为健康的"工作狂"

在我们周围，有这样两种人：他们的能力都很强，都热衷于工作，都能取得一定的成就。人们往往称他们为"工作狂"。但是，他们的心理动机及工作表现有很大的差异。不信你看：

A 型工作狂的表现是：

(1)热衷于竞争。

(2)野心勃勃而好表现成就。

(3)急于求成。

(4)常企图一石击几鸟。

(5)非常担心工作期限已到。

(6)急躁。

(7)无法松弛下来。

总之，这类工作狂对压力的反应会损害自己的健康，导致各种不适或疾病。

B 型工作狂的表现是：

(1)没有焦急情绪。

(2)没有过度表现成就的愿望。

(3)不设假想敌，故无非胜对方不可的压力。

(4)具有把竞争化为乐趣的能力。

(5)善于松弛休息。

(6)具有工作时不受外来干扰的自制力。

总之，B 型工作狂把工作看成是乐趣而不是负担。

人们常常会认为 A 型工作狂的成就更大些，这种看法其实不对。专家们认为，A 型工作狂常会迫使自己及共事者紧张，就算事业有成就，也常会付出很大代价，如家庭不和，损害健康，丧失快乐等。相反，B 型工作狂看来不慌不忙，不紧张，却会取得更大的成就，因为他们往往会采取独特的方式取得更好的效果。例如，他们不会个人独揽大权而善于分摊责任；他们会分析压力来源以区别哪些须认真对待，哪些可置之不理；目标专注，按部就班，每天朝目标走近一步，不会迫不及待地去赶任务。所以 B 型是健康的"工作狂"。

3. 不做工作的奴隶

如果你发现自己有工作狂的症状,先要有意识地减轻压力,强迫自己减少工作量,看看电影跑跑步,培养一些生活的乐趣和爱好。当然,如果接受心理咨询和治疗,效果会更显著。

你是不是工作狂,只有你自己最清楚;你要不要变成工作狂,也完全由你自己决定。但是你必须明确一件事,虽然有很多书籍以及专家教导我们要努力工作,但绝对不是要我们变成工作的奴隶,完全被工作操纵,而是要我们去做工作的主宰。

第九章
感谢生活的馈赠

生活在 21 世纪,具有崭新的时代气息,要更加自信、更加宽容、更加有魅力。要想始终保持这种状态,就要优化自己的性格。

许多人要是没有遇到失败,就不会发现自己真正的才干。他们若不遇到极大的挫折,不遇到对他们生命本质的打击,就不知道怎样焕发自己内部储藏的力量。据专家介绍,由于现代人生活方式的改变,生活节奏的加快,一些人的盲目行为增多,加之过分追求短期效益,因而失败的概率较高。人们内心失去平衡,更容易产生心理问题。

以情动人，以理服人

作为有性格的人，要懂得首先用道理去征服别人，虽说有时指责会有效。不论你用什么方式指责别人，都很难使他改变主意，即使是当时改了，也是不情愿的。

在美国南北战争的时候，罗伯特·李将军是南部邦联军队的统帅。有一次，他在南部邦联总统杰佛生·戴维斯面前，以赞誉的语气谈到他属下的一位军官。

在场的另一位军官大为惊讶地说："李将军，你知道吗？你刚才大为赞扬的那位军官，可是你的政敌呀。"

"是的，"李将军回答说，"但是总统问的是我对他的看法，不是问他对我的看法。"

李将军的话传到了那位军官的耳中，那位军官不由得对李将军产生了一种好感，因此渐渐地改变了他对李将军的看法。李将军正是依靠自己的理性赢得了他的政敌的信服。

欧哈瑞现在是纽约怀德汽车公司的明星推销员。他怎么成功的？让我们听听他的说法：

"如果我走进顾客的办公室，而对方说：'什么？怀德卡车？不好！你送我我还不要呢！我要的是何赛的卡车。'我会对他说：'老兄，何赛的货色的确不错，买他们的卡车绝对错不了，何赛的车是知名公司的产品，业务员也相当优秀。'

"这样他就无话可说了，没有争论的余地。如果他说何赛的车子最好，我说不错，他只有住口。他总不能在我同意他的看法后，还说一下午的'何赛的车子最好'。接着我们不再谈何赛，我开始介绍怀德汽车的优点。

"当年若是听到他那种话，我早就气得不行了。我会开始挑何赛的错；我越批评别的车子不好，对方就越说它好；越是辩论，对方就越喜欢我的竞争对手的产品。

"现在回忆起来，真不知道过去是怎么干推销工作的。我一生中花了不少时间在争辩，我现在却守口如瓶了。实践证明，果然有效。"

即使在态度温和的情况下，要改变别人的主意都不容易，何况采取更激烈的方式呢？十之八九，争论的结果会使双方比以前更相信自己是正确的。如果你的胜利使对方的论点被攻击得千疮百孔，那又怎么样？你会觉得扬扬自得。但他呢？你使他自惭，你伤了他的自尊，他会怨恨你的胜利。你会因此而失去一个好客户、好朋友或好下属。

聪明的人要懂得不失理性，以理服人，不要老是直接反对或斥责别人，那样会收效甚微，即使是他一时听从你的，但同时肯定也会埋下不服的种子，给你以后的工作带来不便。

杜绝这份谦让

中国人受孔孟儒家学派的影响比较深,遇到争权夺利的事情总是谦让回避。可是,经过多年的经验和生活,有很多人也渐渐明白过来,老实人就是容易吃亏上当。在此,奉劝大家,有时为了赢得成功局面,必须要有"该出手时就出手"的性格。

同事之间,最容易产生的竞争就是名誉、金钱、职称、职位的竞争。当竞争真正到来时,你会有什么样的作为呢? 是避让退缩,还是勇敢向前? 是拱手相让,还是竞争获取?

段祺祥和蒋正在公司安全生产部负责安全工作。段祺祥的年龄比蒋正大3岁,蒋正虽然来的时间略晚,但是学历较高,凡是遇到安全方面的计算都能够解决,扭转了原来决策缓慢的局面(原来的计算需要委托公司的其他部门,比较拖沓)。两个人这一年离该评定职称的时间只差一年,按照规定,职称可以破格一年。但是,公司只给了一个名额。经过部门领导的协商,蒋正工作成绩突出,但年轻一些,可以略微缓一缓。蒋正谦让惯了,也没有在意,反正明年还有呢。没有想到的是,第二年公司改革,没有进行职称评定,更让人可气的是,随后的分房政策按照职称加分。看到原本属于自己的工资涨级、提职、房子都被比自己能力差的段祺祥获得,心中懊悔极了,应该向领导争取才是。

"过了这村,就没有那个店了",这是一句俗语,却反映了实实在在的问题。有可能一环赶不上,环环赶不上。在自己的利益方面,不要谦让,是自己的就是自己的。

主动放弃就意味着自我贬低,与实力相差无几的同事争夺相应的权利,不要自动放弃,这样别人绝对不会认为你是宽怀大度;相反,会认为你怕了。这样做也会损害支持你的其他人,也许你会丧失众多的支持者。

某家钟表厂实行企业改革,原来的老厂长即将退去,需要提一位副厂长进行新老交替。王明和龙豪作为副厂长都是热门候选人。上级领导经过对群众的查访,认为龙豪在职工中的威信要高一些,并且原来主管生产,对于工序流程比王明要明白,是厂长的最佳人选。此时,王明已经得到此类信息,开始打通上层关系,通过上级来确定厂长之职。王明与龙豪的竞争白热化。龙豪此时得知王明的上层关系对上级领导压力很大,于是主动找到上级领导表示让步。上级领导对龙豪的这种做法非常失望:"本来希望你能够担起重任,如果你坚持下去,我们绝对能将你扶正的。你自己先打了退堂鼓,我们的心也白费了,说句实话,我们也就是希望能够保持钟表厂的牌子。"

竞争的结果,王明成为厂长。上任之初,语重心长地希望龙豪摒弃前嫌,共同合作。但之后不久,提拔了几个干部,将龙豪放到一边,架空了。龙豪眼看着好端端的钟表厂在不懂行的人的手中垮下去,自己却无能为力,还受到职工的责备,心情特别消极。

魔力悄悄话

该争的没有争,无论从自我的发展上还是对企业乃至社会的影响上,都没有积极的意义。试想:如果钟表厂倒闭了,工人下岗,国有资产流失,社会问题应运而生……这些实际上都是"谦让"惹的祸。因此,在权力名利的竞争中,分析自己的形势,有利于自己、有利于社会的就没有必要谦让。

正义是必不可少的

在我们探讨说话性格时,免不了要谈到"反唇相讥"。可先看一例:

一次,诗人歌德到公园散步,不巧在一条仅容一人通过的小径上,碰见一位对他抱有成见并把他的作品批得一文不值的批评家。狭路相逢,四目相对。批评家傲慢地说:"对一个傻瓜,我决不让路。"歌德面对辱骂,微微一笑道:"我正好和你相反。"说完往路边一站。顿时,那位批评家的脸变得通红,进退不得。

显然,批评家的言行是粗野失礼的。然而,诗人既没有气急败坏地以谩骂反击,也不想吃哑巴亏,而是接过对方的话头,以礼貌的方式,给以巧妙反击。既教训了对方,维护了自己的尊严,又体现了高雅风度。这就是一种成功的反击形式——反唇相讥。这种反讥往往能抓住对方污辱性话题,机智地加以改造,运用具体丰富潜台词的话语,回敬给对方,简练而精巧,文雅且有力。显然,这是一种具有一定交际价值的以防卫为主旨的表达方式。其形式有:

其一,点睛式

就是针对对方的讥讽攻击之词,运用点睛之语,点明事物的本质、问题的要害,"拨乱反正",使真相大白,将对方陷入不利境地。

苏联首任外交部部长莫洛托夫是一位贵族出身的外交家。在一次联大会上,英国工党一位外交官向他发难,说:"你是贵族出身,我家祖辈是矿工,我们两个究竟谁能代表工人阶级呢?"莫洛托夫面对挑衅,不慌不忙地说:"对的,不过,我们两个都当了叛徒。"对方被驳得无言以对。在这里,莫洛托夫的高明之处在于他并不与对方在现象上纠缠,而是抓住实质问题,指出了各自都背叛了原来的阶级这一要害,画龙点睛,一语中的,使对方搬起石头砸了自己的脚。

其二,作比式

有些人常常用不雅事物作比,讥讽、贬低别人的人格。如遇这种情况,你不妨采用同样的思路,以作比对作比,给以反击。

达尔文提出生物进化论后,赫胥黎竭力支持和宣传进化论,与宗教势力展开了激烈的论战。教会诅咒他为"达尔文的斗犬"。在伦敦的一次辩论会上,宗教头目看到赫胥黎步入会场,便骂道:"当心,这只狗又来了!"赫胥黎轻蔑地答道:"是啊,盗贼最害怕嗅觉灵敏的猎犬。"有力地回击了对手。在这里,双方都"作比",然而,赫胥黎巧妙地把两个作比物联系起来运用"盗贼怕猎犬"这一人所共知的常理,暗示宗教头目与他的现实关系,从而戳穿了宗教头目的丑恶本质和害怕真理的面目。

俄罗斯著名作家克雷洛夫,身材肥胖,面色较黑。一天他在郊外散步,遇到两位花花公子,其中一位大笑着嘲讽道:"你看,来了一朵乌云。"克雷洛夫答道:"怪不得青蛙开始叫了!"那两个无礼之徒讨了个没趣,灰溜溜地走去。

魔力悄悄话

反讥者并不纠缠对方的不良动机和不实之词,而是以客观事实为依托,着力选用精辟、准确、内涵丰富的词语,回击之。从字面上看这些词语轻描淡写,仔细琢磨却"话中有话",隐含着事实的本质和真相,对方一旦领悟已是猝不及防,只能败北了。同样,用作比方式反讥,往往是利用事物间的"相克"关系,或相连关系,附会自己的思想感情,达到压倒对手,批驳对手的目的。若用得恰当能产生强烈的讽刺意味和反驳效果。

放宽心态踏实做人

与人交际之道是多种多样的。交际不要挑肥拣瘦,应该和各种各样的人打成一片,从中找话题、找感觉,在关键时刻还能找到帮助呢!要不然,万一这些人在你需要他们表态的时候,给你打一下冷枪,就可能令你全盘皆输。怎样与"别扭人"搞好关系呢?当然,这就需要你有不怕闹别扭的性格。

下面几点意见可供参考:

其一,吵过架的对象可以变成知己

一般人和初次谋面的对象,大概都会以温和的话题来打发时间。然而有时候,也有可能从一开始就产生争论,或彼此发怒,陷入形同吵架的状态。虽然在分手之后有可能感到后悔,"啊,我和对方大概无法交往下去了",然而事实上,你根本无须为此感到闷闷不乐。一开始就产生激烈争论的对象,反而更有可能与你成为知己。

年轻人虽然不能随随便便就向人发脾气,但是在遇上重要人物时,不妨抱着年轻人惯常爱找碴儿的心境。由于对方向来受到爱奉承的一群人包围,所以对能大胆说出内心想法顶撞自己的人,反而会出乎意料地产生好感。

比方说对方是一位独断专行的主管时,围绕在其身边的人总是尽量配合他的心情做出反应。几乎没有人敢和主管唱反调。因此一旦自己被询问到意见时,只要你另有不同的看法,就应该诚实地说出来。即使持有相同的意见,也应该在修辞方面下功夫,以争论的方式表达出来,但是,在大胆争论顶撞的情况下,如果不预先估算善后方法,就有可能单纯地以争吵告终。

虽然因为想法不同才顶撞对方,但是反过来说,导致争论的原因,是因为彼此共同拥有某项沟通基础的部分。倘若是不投缘的对象,恐怕连架也吵不起来。

其二,越难缠的对手越该认真打招呼

打招呼这种事情,只要一旦错失时机,就会变得不好意思开口。结果,却不得不在那种尴尬的气氛下和对方共事。

越是自认难以对付的对手,越该掌握时机先打招呼。否则,单就没打招呼一件事,就可以让你心情低落。想到自己不善应付的人在场时,虽然容易产生尽量不碰面的念头,但可以反过来将立即打招呼当作一种免罪符。

不过,有些不善打招呼的人其实是生性害羞,本性却非常善良。无论和谁都能满不在乎地打招呼的人,事实上有些却是厚颜无耻的。无论是谁,与人打招呼时必定会感到一种程度的紧张。倘若对手又是棘手人物时,紧张的程度愈加升高。

所以,不可只因为自己未获招呼,就因此立即动怒,至少自己好好地先向对方打过招呼,心情自然会变得轻松起来。这是自己在工作上的情绪问题。

例如,在进入工作现场时总会以相当洪亮的声音打招呼,有时可以因此提升情绪。

此外,打招呼的态度切忌草率。最糟糕的情形是,打招呼时眼睛不看对方。虽然说打招呼时必须点头常受到强调,但那通常是毫无意义的。重要的是,是否与对方目光交接。

目不正视只靠声音打招呼的话,虽然只需要重复招呼个两三遍就了事,但这却形同没有打招呼。像这样的礼仪,紧紧牢记在心便属收获。由于工作的顺利与此紧密相关,上班族也绝对不可忽视打招呼的礼节。

其三,越难亲近的人其实越值得信任

害怕难亲近类型的人是毫无必要的。看起来神情不和悦的人,大多数的情况下,只因天生性格害羞。他们绝对不是充满恶意的人。我们毋宁说,比起轻率即能接近的类型,难以亲近的类型中反而好人更多。

他们本身虽然也希望自己平易近人，但是由于生性害羞，因此无法完美地表现出平易近人的气质。而且，由于外观看起来冷漠平淡，人人避之唯恐不及，"为什么人家总是远远地躲开我呢?"他们总是怀抱着这种孤独感。这种孤独感，会使他们陷入越来越难亲近的处境。这是恶性循环的结果。

因此，对于这种类型的对象，你反而可以怀着大胆闯入的心情来接触。比方说，你不妨鼓起勇气试着接触看起来最令人敬畏的对象。对方必定出乎你意料之外地张臂欢迎你。而且，在稍后可以成为你信赖对象的，正是这一类型的人。

即使最初必须爬越的墙极高，一旦你和难以亲近的人展开交往时，大都可以简单地成为知己。反之，在最初阶段墙越低的人，由于内心大都另有一道墙，即使可以简单建立起肤浅的交情，却不容易往下发展彼此关系。

与别扭的人打交道是一门艺术，或者说是充分展示你性格魅力的机遇。真正聪明的人，绝不让自己身边有一个别扭的人存在。

敢于说"不"的性格

敢于说"不"的性格是怎样的呢？在你身上也许发生过这样一些事情：正在忙于自己的事情，朋友找上门来邀请你参加舞会，碍于面子答应了，可是玩得一点也不开心；很晚了邻居说搓麻将三缺一，力请加盟，明知要熬通宵，还是在麻将桌前坐下，怕把邻里关系搞僵；借了钱给别人却总不好意思开口讨还，担心人家说自己小气……

遇到这些事情的确很让人为难，但仔细推敲就可以发现这里面存在这样一种思维方式：按自己的意愿去做，却担心自己的举止会令对方不高兴；如果违背自己意愿的话，自己心里又很别扭；与其让别人高兴宁愿自己心里别扭。

这就是典型的委曲求全的思维方式。面对问题首先考虑的不是问题本身，而是想着如果不按别人的意愿去办会有什么后果。就好比打仗，还没看清敌人是什么模样就想着打了败仗怎么办，这仗又岂能打赢？不自信的人思考问题时往往就是这样。

心理学家发现不自信的人走不出委曲求全的思维怪圈，主要原因是他们意识不到自己的基本权利。

这些基本权利有：

毫不内疚地说"不"；

表达自己的意见、情感和情绪；

自己做决定及处理某事；

不管有无涉及其他人的问题而做出选择；

拒绝知道或理解某事；

犯错误；

成功；

改变自己的主意；

保护自己的隐私；

保持独立。

要走出委曲求全的思维怪圈的关键就在于熟悉自己的基本权利。熟悉自己的基本权利可以按下面几个步骤去做：

第一，保持心情平静。最常用的办法是给予自己心理暗示"保持冷静"，也可以用深呼吸的办法控制情绪。

第二，决定自己需要的是什么：这反映了你的权利。譬如明天要考试，那么自己的需要就是复习功课。

第三，判断自己的需要是否公平：这反映了对他人权利的尊重。例如晚上自己需要休息，这不妨碍别人的利益。

第四，清楚地表达自己的需要。当你知道自己的需要是什么，而且也知道这是公平的，那么就应该大胆而坚决地表达出来。

魔力悄悄话

人的行为是受自己的思维方式支配的，如果你从改变自己的思维方式入手，那么行为的改变就会容易得多。

敢于说"不"，意味着你敢于否定对自己不利的方面。一个人总是附和别人，等于失去自己。这是最低劣的做人性格。

善于制造交际优势

交际的成败与双方在交际过程中谁占有较多的优势有关。这叫"交际优势性格"。善于建立和利用优势的一方往往可以取得交际主动权，从而在一定程度上左右对手，并按照预定的方向发展，取得交际的成功。

交际优势有两种性格：一是本色优势，比如地位、财富等赋予人们的某种优势。二是争得的优势，就是发挥主观能动性，调动自己的智慧，开发创造出来的交际优势。比较而言，后者更具有重要的意义。下面略举几例。

制造形象优势

有一家公司经营不景气，产品积压，资金短缺，发不出工资。为了摆脱困境，必须开拓市场。有一次，经理与一位港商谈判，希望能得到一份订单。他在经济十分拮据的情况下，把谈判的地点定在一家四星级宾馆，还从友邻单位借了一辆豪华汽车，又带上秘书和人员，以这样的阵容出现在对方的面前。结果，这次谈判很顺利，他们接到了订单，工厂出现了转机。经理很善于创造优势，他通过选择谈判地点、车辆等加强了自己的交际形象，给对方造成一种有实力的印象，因而使他在谈判中处于主动地位。假如不是这样，结果可能就是另一种情形了。

塑造偶像优势

一天,有位衣着简朴、形象清瘦的老者来到一个单位的招待所,要求住宿。招待员一看他的样子,就说:"我们这里没有空床。"就不理会他了。这个老人一看,长叹了一声说:"哎,真没有想到,当年我们是冒着枪林弹雨解放了这个城市,现在却连个住的地方都没有!"他的话音未落,对方一怔,马上说:"同志,对不起,是我失礼了。"便给他安排了住处。这位长者是一个离休干部。他用叹息的口吻,说出了自己的经历和贡献,这些对于一个年轻人来说无疑也是一种优势。可见,有时候一个人的资历也可以造成交际优势,只要你用适当的方式把它们展示出来。

展示成果优势

有一位青年学者到特区谋职,他没有像一般人说自己有多大的本事,也没有夸夸其谈,他抱了一摞书,走进应考室,给每个考官一本,说:"这是我这几年出版的几本有关的书,请各位领导指教。"这几本书一放,几个领导的眼神立即发生了变化,在审视中透出了敬意,接着用商量的口吻说:"你到我们单位来,有什么想法?"他们发现了一个人才,也可以说是自己送上门来的人才,岂能放了?这次会见,一锤定音,他被录用了。显然,这个青年是用了心机的,他知道如何推销自己。通过实物展示自己的才干,这种优势是很有征服力的。

利用地域优势

有一位北方来的客人,到海南岛办事。接待他的是一个当地青年。

交际一开始青年就把门关了,说:"这件事不好办。"没有谈判的余地了。接着,他问:"你去过北京吗?""没有,很想去的。可是没有机会。"他抓住这个口实,说:"我是北京人,你要去北京,我来安排你的吃住行。"这样一说,青年的口气不同了。接下去他们谈得十分投机,刚才已经结束的话题又重新提起并且前景光明。

一般边远地方的人对于首都有一种天然的向往之情。这位北京人很好地利用对方的这种心理,及时展示自己的地域优势,彼此之间的距离也就拉近了很多。其实很多地方都有令人向往的内容,都可以成为你的资本,关键看你是否会用。

方法还有很多种,不一一列举了。仅从上述事例可以看出,在交际中,只要开动脑筋,总是可以为自己制造出某种优势的。不过,在利用、创造和展示自己优势时,必须注意以下几个问题:

一是应该认识到优势是相对的,要因人而异。对于任何一个人来说,优势没有绝对的意义,只有针对具体人才称得上是优势。这就告诉我们,在展示自己的优势时,要根据对方的情况来决定,不能一厢情愿。比如,地理上的优势对一个同乡来说,就不是什么优势,只有对于那些远离此地的人才有吸引力。再如,一个大款对于普通人有财力上的优势,可是他一旦出现在百万富翁的面前,就相形见绌了。

二是要根据现场的情况灵活地利用优势。交际者要有很强的观察力和判断力。要根据交际现场的情况变化,及时捕捉信息,抓住对方的劣势和心理,以此决定自己的对策,展示和创造自己的优势。

展示优势要自然得体,不要弄巧成拙。特别是借助性优越,如前述那位经理借车会客,就存在一定的虚假性,如果表现过了头,就可能走向反面。

善于化解误会

在社交活动中,由于一些意想不到的原因导致失误,可能造成不必要的误会,影响彼此关系。比如,一对初恋者约会,小伙子因意外事情迟到了,又没说明原因,姑娘便认为他是个靠不住的人,关系出现危机。再如,某单位领导找部下谈话,通知其调动工作,因没说明这是组织集体讨论决定的,使对方误以为是他的主意,从此对他耿耿于怀。

其实,这些误会本来并不难消除,只要当场把真实情况多说上一句话,便可免去很多麻烦。可是,人们往往忽略了,没说这句话,结果留下遗憾。当然,事后进行疏通说明也可以补救,但总不如当场消除误会的好。正是在这个意义上说,必要的自我解释是少不得的。我们不妨这样说:少一句,不如多一句。

那么,如何进行自我解释才有效又有益呢?

解说原委

当由于特殊原因造成失误时,应及时实事求是地陈述原委。如本文开头的事例,小伙子迟到是因为路遇打架受伤的小孩,他送小孩去医院。对此,他以为这是应该的,而没有主动说明,以至姑娘产生了误解。如果他当时就说明此事的话,也许他们的关系就是另一种结局了。

为了防止他人产生潜意识的责难,当事人也可用自言自语的方式对自己行为上小的失误进行解释。比如,开会时间过了,主持会议的领导才匆匆赶来,他边走边说道:"叫大家久等了。临时接待了外商,刚送走。

185

现在开会吧。"只此一句,起码有两个作用:一是平息大家的怨气。主持人迟到,耽误了大家时间,如此自我解释就是一种道歉。二是说明了迟到不是有意的而是遇到了特殊的情况,易于得到他人的谅解,不致影响领导的威信。

交代关系

有时在交际场合,对于可能引起他人猜测的人际关系或敏感问题,也要主动说明,以解嫌释疑,避免误会。有位处长到北京办事,顺便看看老同学,老同学的上大学的女儿跟他上书店去买书。正巧碰遇上本单位一位出差的同事,处长和他寒暄几句就匆匆而过。等他回到单位时,他在北京的"艳遇"已经满城风雨,任他如何解释也说不清,使他十分苦恼。其实,他当时只要多一句解释关系的话,这一切都不会发生了。

对于易于为人猜测的男女关系等敏感问题,应及时落落大方地说明,就可免去很多麻烦。某单位一科长与一位女同事公出,在街口遇上一位熟人。科长主动介绍:"这是我们单位的小王同志,一块儿到上级机关开会,刚回来。"小王主动与之握手相识。这样介绍,自然免去了很多误解。

说明背景

有时,在交际中为把事情说得更准确,使他人理解得更全面,不致造成误会,还应对背景材料做必要的解释和说明。比如,某书记找工人交谈,一开始就交代背景:"马上要进行优化组合了,可能要涉及你,我今天是以朋友的身份来和你交心……"书记这样解释自己的身份,说明不是传达组织决定,而是朋友间推心置腹的交心,所以气氛更融洽,工人也敞开了心扉。

另外,主动解释个人性格,或个人心理,给对方打"预防针",也可防止造成对自己良好动机的误解。比如,在提出对方不爱听的问题时,常常有一句先导性的话:"有句话不知当讲不当讲……""我有一句多余的话,你可能不爱听……"这种打预防针式的解释背景的话,可以使对方充分理解自己的善意,不致当场形成误会和对抗而影响彼此关系。

魔力悄悄话

　　化解误会在交际学中是一门很重要的课题。对于聪明的交际者来说:不让误会缠身是永远正确的为人之道。

巧妙地走出尴尬

喜剧大师卓别林第一次上台演讲,因过分激动紧张,一头栽倒,跌下台去女强人撒切尔夫人访问北京,在欢迎仪式之后一脚踏空台阶,身体失衡,即将倒地,幸而被侍从拥住……这种在众目睽睽之下意外的现出洋相,即使最有修养的人也会脸红心跳、窘迫尴尬的。

那么,如何处置这类叫人难堪的场面,维护自己的交际形象呢? 有个实例对我们可能有一定启示:

二战期间,艾森豪威尔将军到亚琛附近的一个供应站视察。在那里他发表了简短的演说。当他走下讲台时,突然滑倒在一处泥潭里,惹得士兵哄堂大笑起来。作为盟军统帅,在士兵面前出此洋相,遭到哄笑,他即将窘迫又恼火的样子是可以想象的。但是,出人意料的是,他一点也没有生气,他选择了幽默。只见他抖了抖身上的泥水,便跟着大家一起哈哈大笑起来,说道:"'某种迹象'告诉我,我这次到这里来视察是一次巨大的成功!"士兵们热烈鼓掌,此刻已不是因为滑稽,而是为他的幽默! 就这样他借助于幽默摆脱了尴尬,同时还展示了他作为统帅处理突发事件的机智和良好的修养,真是一举两得! 这个事例告诉我们,运用幽默方式自我解嘲,不失为一种明智的选择。

在公众场合失态往往是过分紧张或激动造成的。"生活喜剧"大体有两种"演"法:

第一,巧妙引申法

就是把失态与当时的场面、自己的使命相联系,创造语言幽默,使之成为交际宗旨的组成部分,引出笑声。中央电视台《正大综艺》节目原主持人杨澜,也有过类似的经历,一次在广州天河体育中心演出,她担任节目主持人,当走下台时不慎摔倒在地。在如此众多观众面前出现这种情形,甭提有多难堪了。但就在她从地上爬起来的刹那间,已经构思出几句解窘的台词。她面带微笑对观众说:"真是人有失足,马有失蹄呀,我刚才的'狮子滚绣球'的节目滚得还不熟练吧?看来这次演出的台阶不那么好下哩!但台上的节目会很精彩的,不信你们瞧他们的。"这段应急的即兴演讲,不仅为自己解了窘,而且显示了她的卓越口才和风采,赢得了在场观众的喝彩。

第二,逢场作戏法

既然当众出了丑,那就干脆当一次叫人捧腹的"丑角",把戏做下去,同样可以获得意外的效果。如某剧团到工厂慰问演出,一位工会干事代表全厂职工上台致欢迎词。因他是头一次当众讲话,心情过分紧张,当念完讲稿时,不慎讲稿散落在舞台上,又被风扇一吹,讲稿在舞台上飘舞起来。他下意识地去追扑,引得全场大笑不止。出了洋相,如何收场呢?他心一横,将计就计,干脆拿出喜剧大师卓别林的滑稽步态去追稿纸。这一来,大家笑得更是前仰后合,待他拾完稿纸来到话筒前,说道:"我表演的小品'追稿'演完了,谢谢大家捧场!下面正式演出开始!"台下的笑声立刻转为一阵热烈的掌声。这个由失态转化来的小插曲,收到了意想不到的效果。

为避免失足失态,首先应注意克服心理紧张,做到热烈而不失沉着。要留意自己的足下,以保持身体平衡。当出现意外失态的难堪时,应将计就计,借助幽默,演出一幕"生活喜剧",在笑声中摆脱窘境,塑造讨人喜欢的形象。

学会随机应变

一天,卓别林带着一大笔款子,骑车驶往乡间别墅。半路上突然遇到一个持枪抢劫的强盗,用枪顶着他,逼他交出钱来。

卓别林满口答应,只是恳求他:"朋友,请帮个小忙,在我的帽子上打两枪,我回去好向主人交代。"强盗摘下卓别林的帽子打了两枪,卓别林说:"谢谢,不过请在我的衣襟上打两个洞吧。"强盗不耐烦地扯起卓别林的衣襟打了几枪。卓别林鞠了一躬,央求道:"太感谢您了,干脆劳驾将我的裤脚打几枪。这样就更逼真了,主人不会不相信的。"

强盗一边骂着,一边对着卓别林的裤脚连扣了几下扳机,也不见枪响,原来子弹打完了。卓别林一见,赶忙拿上钱袋,跳上车子飞也似的骑走了。

我们都经历过这种情况:平常觉得自己的反应还行,可一到某些突然发生的节骨眼上,脑里总是出现猛然空转的现象,无法适时产生确切的答案,以应付外界突然的变化。所以性格比较内向或拙于言谈的人,到头来总觉得自己脑筋迟钝。与此相反,随时能因对象的变化,能够灵活应答,做出出人意料的反应,往往被人认为是明敏果断、超人一等。

有一次,美国著名心理学家福·汤姆逊外出归家,天色已晚,他旧大衣内有两千美元,心里老担心遇到强盗。

越是怕鬼越有鬼,他突然发现身后有个戴鸭舌帽的彪形大汉紧紧尾随着他,而且怎么也甩不掉这个"尾巴"。

汤姆逊走着走着,突然转身朝大汉走去,祈求地对大汉说:"先生,发发慈悲给我几角钱吧!我快饿得发昏了,路都跑不动了!"

大汉一愣,仔细打量着他的旧大衣,嘟囔着说,"倒霉,我还以为你口袋里有几百美元呢!"说着,从口袋里摸出点零钱扔给汤姆逊,十分败兴地走了。

那么,随机应变中的事件有什么特点呢?那就是事件的突发性,瞬间令你身处惊险、危险的境地。所谓突发性,就是突然发生,任何人无法估计它何时来临。所以任何人也无法预先做好应变的准备。比如,汤姆逊怎么也不会想到夜晚会出这样一个棘手的难题,而卓别林更不会想到有强盗会突然来抢劫。正因为事件的这种突发性,充分说明了随机应变的惊险性和随机应变能力的可贵性。

不过,惊险场合对于机智者来说,只需一句随机应变的话语,即可化险为夷,最后也只是有惊无险,平安无事。

这种随机应变由两部分组成:一是事件,即"随机"中的"机";二是变化,即"应变"中的"变"。事件和变化相互结合、相互依存,组成一个统一体。在这个统一体中,事件是基础,没有事件当然就没有变化。所以说,事件在随机应变中起着重要的作用。

原谅曾伤害过你的人

在这个世界里,我们各自走着自己的生命之路,难免有碰撞。即使最和善的人也难免有时要伤别人的心。说不定就在昨天,或许是在很久以前,某个人伤害了你的感情,而又很难忘掉它。但是你必须学会原谅伤害你的人。这是交友的一种良好性格。

记不清是哪位哲学家讲过,堵住痛苦的回忆激流的唯一方法就是原谅。原谅宽容能带来治疗内心创伤的奇迹,可以使朋友之间去掉怨恨,相互谅解。格洛斯是一名出色的田径运动员,几年前在一次车祸中成了残废。为此,他那美貌的妻子离开了他。他只好沉湎于美好的往事回忆之中,面对未来,他只有愤恨。但最终他还是原谅了她。他说,如果我只是终日沉湎于对她的昔日情爱的回忆之中,整天只是怨恨她的冷酷,那么我只有终日流泪的份儿,对我的身体有害无益。让过去的事情过去吧,我需要的是获得未来的幸福。原谅别人不是软弱的表现,而是坚忍大度的象征。怨仇相报抚平不了心中的伤痕,它只能把双方捆绑在永久的回忆中。

中国人有讲究报复和相信报应的传统,"君子报仇,十年不晚"似乎都很正当,但报复心如化了脓的不断长大的肿瘤,使人忘却欢笑,损害健康。

"既生瑜,何生亮?"看过《三国演义》的都知道,雄姿英发的周公瑾为他的对手孔明所气,大叫一声,吐血而死,而留下一个"诸葛亮吊孝"的假哭戏。仇视何益?愤恨何益?徒伤自己而令敌人称快。"为你的仇敌而怒火中烧,烧伤的是你自己"。因此,《圣经》里耶稣在鼓励人们"爱你的仇人","爱你们的仇敌,善待恨你们的人;诅咒你的,要为他祝福;凌辱你的,要为他祷告"。

美国竞选,对手之间相互攻击,甚至败坏对手的名声,但仍可在对手所组内阁中担任重要职务,对人性的协调不能不说是一种启示。能够与你成为对手的人,必定有着与你能够分庭抗礼的能力和实力。由林肯委任而居于高位的人,很多都是曾批评或者羞辱过他的政治对手,于是林肯得以统一了南北美。

可是,如果你用报复的手段对待对手,你会招致一个什么样的局面呢?它将使你的对手更坚定地站在你的对立面,去阻挠、破坏你的行动,破坏你创造的一切成果。而你,也会因为心中充斥报复的愤怒无暇他顾,你的理想和目标又如何能实现呢?"如果有可能的话,不应该对任何人有怨恨的心理。"德国哲学家叔本华也如是说。

魔力悄悄话

与人结怨的习惯,不是一种好性格,只能让你越来越难受。为了保持一个健康的心灵和体魄,为了实现你的成功和抱负,学会原谅那些曾伤害过你的人吧!

健康是好性格的开端

完美的健康,应该是身体与心理的双重健康,因此,健康与性格有着千丝万缕的关系。

情绪的时涨时落,原本是正常现象,愉快喜悦给人以正面的刺激,有益于健康;而苦恼消极会给人以负面影响,诱发各种疾病,使原有的病情加重。如何调控好喜怒哀乐,让内在力量"性格"有利于我们的健康,便成了值得深究和学习的课题。

有这样的个案:考试即将来临,紧张繁重的学业压得小李喘不过气。这些天,她常莫名其妙地烦躁和焦虑,到了晚上,终于可以一个人静下来时,她却失眠了。

专家给小李安排了一个特殊的游戏课程。一种类似于耳机的微电极戴在小李的头部,耳机另一头用连线接在电脑上。启动程序,电脑屏幕上出现了游戏界面,随着轻松的音乐,小李逐渐放松,并进入游戏中,面对屏幕上滑稽可爱的 Flash 动画,还有富有趣味性的提问,小李的脑电波信号传输到电脑设备上,用自己头脑中传出来的电波操纵着游戏进程,一路过关。

游戏结束后,紧张烦躁的症状没了,整个人也彻底放松了一次。经历过几次这样的游戏课程,小李笑着说,这几天睡得可真香!

"这是生物反馈治疗。"目前这种治疗已经在国内试用,通过这种类似控制大脑思想的治疗,可以稳定患者的情绪波动,调整控制躯体功能。

有些人平时特别容易激动,生活中一遇到困难或稍有不如意的事情,就整天焦虑、紧张,还有恐惧感,这种性格的人很容易得高血压疾病。

有的人生来乐观,而有的人却容易悲观失望,抑郁性格的人遇到一点不顺心的事就容易情绪消沉，对工作、活动丧失兴趣和愉快感，忧心忡忡，有时还有自杀念头，很容易得抑郁症。

性格与健康之间应该是互动的关系，我们常说的身心平衡，就是这个意思。一个人心情好了健康状况就会好，人的身体健康了心情也就自然会舒畅。

坚强的意志和毅力，能增强人体的免疫力。而免疫力又受到神经系统和内分泌系统调节和支配。神经系统是由中枢神经（大脑）和周围神经组成。由这两个系统通过神经纤维与激素来调节和支配免疫系统，而免疫系统同样对神经、内分泌系统有调节作用，相互调控使机体与外界保持动态平衡、维护身体健康。一旦某个环节发生故障，自身调节障碍，都可能对其他系统的功能产生影响而致病。

比如，妇女因精神情绪紊乱、生活不规律可导致月经失调，在哺乳期可导致泌乳停止。美国抗癌协会曾有统计资料说明，约有 10% 的癌症病人可以自愈，这说明坚强的意志和毅力激发体内产生"脑啡呔"样物质，增强机体免疫力，在体内产生了很强的抗癌力甚至自愈力。

了解了免疫力与神经、内分泌的关系后，就不难理解性格因素对健康的重要性。

乐观、知足、友善的个性和恬淡、平和的心态，能刺激人体释放大量有益于健康的激素。大脑可以合成 50 余种有益物质，指令自身免疫功能，其功能状况往往决定人对疾病的易感性和抵抗力。

恐慌、自我封闭、敏感多疑、多愁善感，或过于争强好胜，或过分追求完美，都容易造成内心冲突激烈、人际关系紧张，这种状况会抑制和打击免疫监视功能，诱发或加重疾病。

目前，医学上关于人的性格对一些心理疾病的影响是非常肯定的，比如刚才提到的抑郁症，还有其他神经性疾病，都和一个人的性格有关。

现在较公认的有以下四种性格与身体疾病关系密切：

第一，急躁好胜型：快节奏、竞争性强、易激怒、敌意、反应敏捷；这类性格的人容易得冠心病、中风、高血压、甲亢。

第二，知足常乐型：节奏慢、安静、知足、缺少抱负、不喜竞争、中庸、缺乏主见、多疑；这类性格的人容易得失眠、抑郁、疑病、强迫症。

第三，忍气吞声型：过度克制压抑情绪、生闷气、有泪往肚里流。这类性格的人容易得肿瘤、促进肿瘤转移、内分泌紊乱。

第四，孤僻型：冷漠、消极、悲观、独处、没有安全感。这类性格的人容易得心脏病、肿瘤、精神疾病。

无论健康或正患病，都要学会在紧张的生活节奏和沉重的负担中放松自己，在恶劣的精神刺激下解脱自己。

性格障碍不利于身心健康

　　随着时代的进步,科技的发展,要适应现代社会,每个人都必须不断学习、进步、完善自己,才能在这个环境中生存。而性格上的某些弱点往往就是自己最大的障碍。

　　现代人越来越感受到生活的紧张、竞争的压力、择业的艰难。生活在这种社会大环境中的人由于其身心的承受力还很脆弱,因而在家庭、社会、学业、事业的压力下,极易产生性格障碍。

　　这种性格障碍的具体症状是:表面上他们仍过着正常人的生活,但深入接触后,便发现这些人很怪。比如与人开始接触时还客客气气,但一旦熟悉时就经常过度亲密或过度要求对方,甚至动不动就发怒。

　　这种人还有一个奇怪的地方,就是一会儿跟别人非常亲密,一会儿又突然转变方向,怒目相视,从一个极端跳向另一个极端。有性格障碍的人不会体谅他人的感觉和心情,非常自私任性,也因此面临着自我统一困难及心理混乱的问题。此外,他们缺乏信心,经常处于情绪不安定状态。

　　在现代社会中,人的性格障碍主要体现在以下几个方面。

无法抑制愤怒的人

　　在感情上,这种人大都不易被感动,经常处于极度不安或不快的状态。他们表达感情的方式非常激烈,无法控制激动的情绪。这是因为他们在长期的成长过程中,一直没有养成压抑冲动及不满的习惯,因此无法掌握自己,没有信心,极度不安。这种类型的人还有一个特点,那就是对别人的依赖和期待非常大,当别人无法接受或照顾他时,便会以为对方背叛了自己。

除此之外,这类人通常不会有罪恶感、自责感,而有一种与周围的世界格格不入的孤立感。由于担心被别人抛弃,便更努力,以更激烈的方式想要把握或挽回与别人的关系,却总是因为方法或态度的问题而把事情搞得更糟。最后,当别人离他而去时,便可能觉得被背叛而狂怒不已。

不安定的人

这种人通常人际关系非常不安定。或许这是因为他很容易和朋友闹翻,因此,朋友关系便多维持在点头之交的状态上。与一般人的交往更是浅尝辄止。这种无法与人深交的性格障碍,在相当一部分人身上存在。

这种人在与朋友深入交往时,很容易变得依赖对方或毫无节制地要求对方,让朋友非常困扰。当对方无法接纳自己或满足自己时,他们就会被激怒而任性地指责对方。这种过度以自我为中心的想法与做法,当然难以拥有良好的人际关系。

另外,由于他们对人的评价经常从一个极端走向另一个极端,人际关系当然不稳定。有时,这种人会把朋友任意地理想化,或给以过度的期待,一旦希望落空,便会转而拼命攻击对方。有这种性格障碍的人,其心理一直处在不安定状态,不仅对自己,甚至对别人的期待、要求都呈现出偏执、夸大、不安定的倾向。

自我毁灭的人

有这种性格障碍的人是很可怕的。他们特别容易出现自杀等冲动性的自我毁灭行动。虽然基本上他们并不是真正想死,但还是经常造成无法挽回的身体损害。另外，有这种性格障碍的人，会为了逃避现实而滥用药物或酗酒、乱性、浪费金钱、过度饮食或拒食，有意用外物伤害身体。有的人甚至故意违反交通规则，引起交通事故。

没有自信心的人

有这种性格障碍的人由于在意识层次上无法掌握自己，无法给予自己以适当的评价，因此产生心理的不安定。这种不忠实，也就是自我同一性、自我认同发生障碍，可能导致行动与感情出现异常。这种人由于搞不清楚自己到底有什么长处，什么短处，所以无法让自己得到定位和认同。换句话说，他们的自我形象非常破碎，无法统一，因此陷于不安。有时会突然出现夸大妄想的行为，借此提高自己的价值，让心理获得稳定。但有时这种自我防卫的做法露出马脚，反而让当事人更加无助和茫然。

现代社会不需要有性格障碍的人，健全的个性才是现代的人顺利进入社会的护身符。因此对有性格障碍的人一定要早发现，早治疗，尽早恢复健全的个性、性格。